EXTREME DER ERDE

NATIONAL GEOGRAPHIC

EXTREME

DER ERDE

Erste Veröffentlichung von HarperCollinsPublishers Ltd
unter dem Titel: Extreme Earth © Here+There 2003;
Hindu Kush, Storm, Sebastian Junger, 2003; Dr. Karl
Kruszelnicki, White Line in the Pacific, 1997, Uluru, 2003,
Auroras, 1997. Das Urheberpersönlichkeitsrecht der Autoren
ist zu beachten. Sie sind mit vollem Namen zu zitieren.

Autorisierte deutsche Ausgabe veröffentlicht von
NATIONAL GEOGRAPHIC DEUTSCHLAND
(G+J/RBA GmbH & Co KG) 2008

Übersetzung:
Barbara Kiesewetter

Lektorat:
Monika Rößiger, Alexandra Schlüter (Ltg.)

Wissenschaftliche Beratung:
Prof. Dr. Hartmut Graßl, Arne Kaiser

Titelgestaltung:
Groothuis, Lohfert, Consorten

Schlussredaktion:
Katharina Harde-Tinnefeld

Produktionsgrafik:
Sandra Cordes

Herstellung:
G+J Druckzentrale, Heiko Belitz

Druck: Druckerei Himmer, Augsburg
ISBN 978-3-86690-080-6

Danksagungen an Denise Bates, Claire Conville, Jonathan
Burnham, Lisa John, Mark Lewis, Kate Marlow, Julie Martin,
Mary Parvin, Mark Paton, Gerald Sealy, Patrick Walsh

Cover:
Vorderseite v.l.n.r.: Richard Cummins / Lonely Planet Images;
Warren Faidley / Oxford Scientific Films; AFLO / Nature
Picture Library;
Rückseite v.l.n.r.: Greg Johnston Dalton / Lonely Planet Images;
Klein u. Hubert / Still Pictures; Art Wolfe / Getty;
Innenseiten v.l.n.r.: Tom Pfeiffer; P. Terry / Art Directors and Trip

«Die Zivilisation existiert mit Einwilligung der Geologie, dem Wandel unterworfen, der keine Warnung kennt.»

Will Durant (1885–1981)

INHALT

Simon Winchester

EINLE

Wir haben einen Plan, mein Sohn und ich. Eines Tages werden wir uns an dem See treffen, der am Fuße des beeindruckendsten Bergs der Welt liegt.

Wir werden getrennt aufbrechen und uns von beiden Enden des Pilgerwegs einander nähern. Mein Sohn reist von Peking aus Richtung Westen und schlägt sich durch die Berge des westlichen Sichuan und Sinkiang, durch die Schluchten des Jangtsekiang, des Mekong und des Salween, bis hinauf auf die Hochebene Tibets. Vielleicht findet er den Weg zu dem tiefblauen, eiskalten See, den Millionen Menschen als Manasarowar kennen.

Ich ziehe von Indien aus nach Norden und überquere den Himalaya auf einem 6000 Meter hohen Pass, den alle Bettelmönche barfuß gehen müssen. Dann wandere ich auf dem windigen Hochplateau Tibets weiter nordwärts. Zur rechten Zeit – wir sind uns darin einig, dass wir uns nicht auf Händen und Knien fortbewegen wie die hingebungsvollsten unserer Weggefährten – werde auch ich den Manasarowar erreichen.

Mein Sohn wird da sein, daran zweifle ich nicht. Wir werden uns die Hände schütteln und uns umschauen. Unsere Augen und Seelen werden sich am Anblick der schneebedeckten Hänge des heiligsten aller Gipfel dieser Welt ergötzen, den Buddhisten, Sikhs, Hindus und inzwischen nicht wenige Christen auch als Meru kennen. Den Geographen und der übrigen Welt ist er jedoch als Kailas bekannt. Er ist ein Gipfel von ganz außergewöhnlicher, atemberaubender Form. Majestätisch erhebt er sich in die Höhe, wie eine gewaltige, schneebedeckte Faust, die direkt zu den Sternen zeigt. Die Hochebene Tibets ist dem Himmel am nächsten, heißt es. Und der Kailas ist die Leiter, auf der man Gott erreicht.

In unserer Familie fühlten sich alle immer von den Extremen der Erde angezogen. Als ich Kind war, wollte ich die Quellen aller Flüsse finden. Mein auf den Kailas fixierter Sohn erinnert sich mit Schrecken an den nebligen Neujahrstag vor 30 Jahren, als ich ihn und seinen murrenden Bruder bei Schneeregen kilometerweit über schlammige Felder bis zu

ITUNG

einer Kiessenke tief im Wald von Cotswold schleppte. Dort befindet sich angeblich die wahre Quelle der Themse. Und in ihrer Jugend trieb ich alle meine drei Söhne auf die höchsten Gipfel des Königreichs Großbritannien: auf den Snowdon in Wales (über den beängstigend schmalen Schiefergrat Crib Goch, eine schwindelerregende Tour, die später zum Test der Familie für Tapferkeit und Tollkühnheit wurde), auf den Gipfel des Ben Nevis in Schottland (über den ähnlich schrecklichen Granitgrat Carn mor Dearg arête) und auf den Gipfel des Scafell Pike im Lake District, ein relativ harmloser Berg, doch der Beste, den England zu bieten hat.

Es gab noch ehrgeizigere Expeditionen. Vielleicht war ich mit meiner Vorliebe für einsame und abgelegene Plätze schon prädestiniert, aber erst meine Jahre in Oxford entfachten die wahre Leidenschaft. Mein Professor, ein Bergsteiger namens Lawrence Wager, hatte den damals noch unbezwungenen Mount Everest bis auf 8235 Meter bestiegen und liebte die wilden Plätze dieser Welt. Er überredete mich, nach Ostgrönland zu reisen, wo ich mit fünf Freunden einen langen kalten Sommer auf dem Eisschild südlich einer Siedlung namens Scoresbysund verbrachte. Wir erlebten dort alle Arten von Abenteuern. Das Wetter war schlecht, wir mussten Wild erlegen, damit wir etwas zu essen hatten (sogar einen Eisbären schießen) und wanderten tagelang durch ein Labyrinth aus dünnen, driftenden Eisschollen.

Von diesem Sommer an liebte ich Grönland und kehrte mehrere Male dorthin zurück. Für mich übertrat ich eine Art Grenze, die den Komfort der Welt, die ich kannte, von der härteren Realität einer anderen trennte, und die ich voller Sehnsucht kennen lernen wollte. Ein Westgrönländer nahm mich auf seinem Hundeschlitten mit und ließ mich für ein paar Wochen allein zurück – Kilometer von jeglicher Siedlung oder Jagdroute entfernt. Es gab nichts, nur die ungeheure Stille der Arktis. Kein Vogel, kein Lebewesen, kein Geräusch.

Der Reiz der Extreme ist für mich der Reiz der stillen Ehrfurcht.

Nicht einmal der Wind war zu hören, denn außer mir und meinem kleinen Zelt gab es nichts, wogegen er hätte blasen können. Ich betete flehentlich, dass der Mann wiederkäme, um mich nach Hause zu bringen, aber als ich mit ihm schließlich über den Schnee zurücksauste, wünschte ich bereits, er wäre nicht gekommen.

Der Reiz der Extreme ist für mich der Reiz der stillen Ehrfurcht. Ich spüre nicht die Art von Todessehnsucht, die andere gegen die Extreme der Welt kämpfen lässt. Ich bin ein eher zart besaiteter, nicht besonders mutiger Mann, begierig danach, mich umzuschauen und angesichts der Wunder den Atem anzuhalten. Wunder gibt es genug – in meinem Leben und auf den folgenden Seiten, über die noch eine ganze Generation staunen kann.

Ich liebe zum Beispiel einsame Plätze. Ich liebe Turfan in China, Tannu-Tuwa nahe der Mongolei, Weihaiwei in der Mandschurei – Plätze, die vergessen sind, vergangen, übersehen und heute selten besucht. Ich liebe Inseln, die auf ähnliche Weise übersehen werden. Ich war auf Pitcairn im Pazifik, auf Tristan da Cunha im Atlantik und auf unfruchtbaren Felsen wie den Kerguelen, Amsterdam oder Jan Mayen – neblige Inseln in der Kälte und der stürmischen See der höheren Breiten. An all diesen Orten gibt es Männer (und ein paar Frauen), deren Ausdauer und Unerschütterlichkeit mit nichts zu vergleichen sind, was wir in unserer kuscheligen Welt kennen. Sie können Geschichten erzählen und Boote führen, zeigen Unabhängigkeit, Einfallsreichtum und Initiative. Diese Menschen stehen für die Menschheit, wie sie früher war. Sie heute zu besuchen, erinnert uns an die einst feineren Sinne unserer Vorfahren. Es zeigt uns aber auch, was wir durch den verführerischen Einfluss von regelmäßigen Mahlzeiten und Zentralheizung unwiderruflich verloren haben.

Die schönsten Plätze zu sehen, kann aber auch ernüchternd sein. Der bezauberndste Vulkan der Welt zum Beispiel – bezaubernd wegen seiner perfekten Symmetrie – ist der

Mayon auf den Philippinen. Er ist weder besonders groß, noch hat er so viele Menschen getötet wie der Krakatau, der auf der Liste der Extreme der Welt ganz oben steht. Aber er ist ein Berg von solchem Glanz und solcher Erhabenheit, dass er selbst aus vielen Kilometern Entfernung eine nicht zu überbietende Ehrfucht auslöst.

Ein Freund und ich bestiegen ihn einst. Wir brachen lange vor Morgengrauen auf und kämpften uns an seinem Fuß durch dichte Pandanuss-Wälder. Wir erreichten die glatten, rutschigen Klippen aus Andesit und liefen mit kleinen Schlangen um die Wette; um elf Uhr waren wir an den tückischen Aschehängen des Gipfels, als ein gewaltiger Sturm über uns hereinbrach. Unsere Führer zitterten wie verängstigte Kinder und zogen sich in eine Höhle zurück. Wir krochen durch einen waagerecht peitschenden Hagelschauer weiter und erreichten den schwefelüberzogenen Rand des Kraters gegen Mittag. Im selben Moment verebbte der Sturm. Die Wolken waren wie weggeblasen, und vor uns erstreckten sich die philippinischen Inseln im tiefsten Blau des Ozeans, mehr als 150 Kilometer bis zum Horizont. Es war still; wir waren allein; wir waren am Ende der Welt, am Schnittpunkt der elementaren Erde und der hier unwirklich erscheinenden Freuden, zu denen wir in ein paar Minuten zurückkehren würden. Aber in diesem Moment war alles erhaben.

Dann gibt es Plätze, die das gefährlich Schöne mit der Herrlichkeit der Abgeschiedenheit verbinden, Plätze, die Einsamkeit mit Magie vereinen. Ganz in der Nähe meiner Hütte, auf den westlichen Inseln vor Schottland, befindet sich einer der größten Whirlpools der Welt. In den Ozeanen der Welt gibt es fünf Orte mit einem riesigen Tidenhub, der das Wasser dort in gewaltigen und schrecklich gefährlichen Strudeln wirbeln lässt: Zwei liegen in Norwegen (der berüchtigte Malstrom ist einer von ihnen), einer ist in Japan, eine etwas kleinere Ausgabe liegt an der Wasserscheide zwischen Maine und New Brunswick an der

Wir waren am Ende der Welt, am Schnittpunkt der elementaren Erde und der hier unwirklich erscheinenden Freuden, zu denen wir in ein paar Minuten zurückkehren würden.

nordamerikanischen Ostküste. Der fünfte ist meiner, fünf Seemeilen von meinem Wohnort entfernt, im Meeresarm zwischen der wenig bekannten Insel Scarba und ihrer besser bekannten Nachbarin Jura (wo George Orwell seinen Roman „1984" schrieb).

Der Meeresarm, und somit der Whirlpool, heißt Corryvreckan. Sobald die Flut hereinkommt und ihre Wassermassen eine untermeerische Felsspitze überfluten, die sich 18 Meter hoch aus einem tiefschwarzen Kanal erhebt, bricht die Hölle los. Das Wasser bildet einen Strudel und brodelt und schießt Fontänen in die Luft. Sein Brüllen hört man noch im mehr als 30 Kilometer entfernten Colonsay. Nicht einmal robuste Boote sollten sich in die Straße von Corryvreckan wagen, wenn eine Springflut heranrollt. Manchmal wirft jemand von Bord eines großen durchfahrenden Schiffs Baumstämme ins Wasser, um zu sehen, was passiert. Sie verschwinden für immer in dem Strudel, Hunderte von Metern in die Tiefe gezogen, zermalmt von den unbarmherzigen Kräften der See.

Corryvreckan ruft ein tiefes Gefühl von Ehrfurcht hervor. Ich sah den Whirlpool zum ersten Mal von einer Klippe an der Südküste Scarbas aus. Anfangs lag das Meer ruhig bei Ebbe da. Als das Schauspiel begann, tobte und brodelte bald die ganze Wasserfläche. Innerhalb einer halben Stunde stieg die Gischt wie Rauch auf, das Wasser begann zu brüllen, unten sah es aus wie am Fuß der Niagarafälle – weißer Schaum und lautes Donnern. Dann bemerkte ich etwas am Rand meines Blickfelds: Ein junges, verängstigtes Reh stand neben mir und war ebenso gebannt wie ich. Als es sah, dass ich es anschaute, starrte es einen Moment erschreckt zu mir, blickte dann noch einmal auf die wütende See unter uns und flüchtete über das Heidekraut zurück in die Sicherheit seiner vertrauten Welt.

Das ist es, was diese extremen Orte bedeuten – wenigstens für mich. Sie sind eine Vision der Welt, die ich kennen lernen will, flüchtig zu sehen von der Sicherheit der Welt aus, in der ich normalerweise lebe. Von Zeit zu Zeit, wenn die Reise nicht zu schwierig ist und nicht allzu viel Heldenmut verlangt, koste ich von diesen Plätzen. Ich segle nach Tristan und erklimme die Küste, ich klettere auf den Mayon und spähe in das Herz des Kraters, ich fahre mit einem stabilen Boot – ich habe es bisher dreimal getan – durch die Strudel des Corryvreckan, wenn die Flut auf dem Höhepunkt ist. Aber normalerweise betrachte ich sie aus der Entfernung und lasse zu, dass sie mich mit ihrer ganzen Macht tief beeindrucken. All diese Orte erinnern uns daran, dass alles Menschliche winzig klein ist. Und sie erinnern an die unbeschreiblichen, unendlichen Wunder der Welt und des Universums.

Doch kein Ort – das ist meine Überzeugung – ruft dieses Staunen dramatischer hervor als der Kailas. Ich war noch nicht dort. Ich weiß nur, was ich gelesen habe und was ich von den wenigen Menschen gehört habe, die zu Fuß an den heiligen Berg gepilgert sind. (Man kann den Kailas auch mit dem Auto erreichen – eine Reise, die meiner Meinung nach an spirituellen Vandalismus grenzt). In wenigen Jahren werden mein Sohn und ich uns dort treffen. Wir werden hinaufblicken und versuchen zu erkennen, was nach der Aussage vieler Pilger in den Gletscherspalten der oberen Hänge zu sehen sein soll: ein riesiges Zeichen des Friedens, ein heiliges Zeichen, das anzeigt, auch wenn nur symbolisch, dass es sich tatsächlich um einen heiligen Ort handelt, würdig all der Wichtigkeit und des Ranges, den er innehat.

Ich wage die Vorhersage, dass wir am Ufer des Manasarowar-Sees stehen werden, bis wir dieses Zeichen sehen; dann werden mein Sohn und ich diesen spirituellsten aller extremen Plätze der Welt verlassen, nach Hause zurückkehren, gemeinsam und erfüllt. Und ich frage mich, ob es nach dem Kailas noch irgendwelche Plätze gibt, an die ich reisen möchte. Oh doch, wird mein Sohn sagen. Wir haben gerade erst begonnen, den Rest der Welt und all ihre verbleibenden Wunder zu erkunden.

1 ER

DE

«Als wir den Friedhof von Yungay passierten, begann das Auto zu rütteln. Wir stiegen sofort aus und sahen, wie einige Häuser und eine kleine Brücke – sie führte über ein Flüsschen nahe des Friedshofs am Berg, einstürzten. Nach einer halben Minute ließ das Beben nach ... und ich hörte ein dumpfes Grollen, das vom Huascarán kam. Als ich nach oben blickte, sah ich eine Art Welle, eine Staubwolke, und es sah aus, als würde eine Unmenge von Felsen und Eis vom Nordgipfel abbrechen. Meine erste Reaktion war, zum höher gelegenen Gelände des Friedhofs, 200 Meter weit weg, zu rennen.»

«Der Kamm der Welle war gebogen, wie bei einem riesigen Brecher, der vom Ozean hereinkommt. Sie war mindestens 80 Meter hoch. Ich erreichte den höher gelegenen Teil des Friedhofs in dem Moment, als der Strom aus Geröll, Eis und Felsen den Fuß des Hügels erreichte. Ich hatte gerade zehn Sekunden Vorsprung.»

– Mateo Casaverde, Geophysiker und Augenzeuge des Erdbebens und der Lawine am Huascarán in Peru

DER HÖCHSTE PUNKT DER ERDE

Mount Everest
Lage: Zentralhimalaya, an der Grenze zwischen Tibet und Nepal
Höhe: 8850 m
Koordinaten: 27° 59′ 00″ N | 86° 56′ 00″ O

«Weil er da ist.» So lautete die Erklärung des legendären Bergsteigers George Leigh Mallory für seine Versuche, den Gipfel des Mount Everest zu besteigen, den „dritten Pol" der Erde und den zur Zeit seiner Expedition einzigen noch unbezwungenen „Pol". Damals dachte man, dass kein Mensch die dünne Luft, die kalten Temperaturen sowie die starken Winde lange genug überleben könnte, um den höchsten Gipfel der Welt zu erreichen. Aber Mallory war stur. Er starb 1924 bei seinem dritten Versuch, den Gipfel des Chomolungma zu erklimmen (wie die tibetischen Sherpas ihre „Muttergöttin des Schnees" nennen). Sein Schicksal schien zu bestätigen, dass das Dach der Welt kein Platz für Menschen sei.

Zumindest nicht bis zum 28. Mai 1953, als der neuseeländische Imker Edmund Hillary und sein Sherpa Tenzing Norgay den Sagarmatha – so heißt das „Tor zum Himmel" auf nepalesisch – schließlich bezwangen und damit in die Geschichte eingingen. Es war der neunte Versuch, den Gipfel des Mount Everest zu erreichen. Seitdem haben mindestens 1200 Alpinisten diesen Kraftakt wiederholt, mehr als 170 weitere sind bei dem Versuch ums Leben gekommen.

Die offizielle Höhe des Mount Everest, 8850 Meter, wurde am 11. November 1999 bekannt gegeben. Diese Zahl lag 2,1 Meter über der vorher akzeptierten Messung und wurde mit Hilfe des Global Positioning Systems (GPS) festgelegt. Ein Team von sieben Bergsteigern vermaß den Berg von der höchsten Erhebung aus und sammelte Daten von verschiedenen GPS-Satellitenempfängern auf dem Gipfel. Man geht davon aus, dass der tatsächliche Gipfel des Everest unter einer mehr als sechs Meter dicken Schicht permanenten Eises liegt; künftige Tests werden zeigen, ob das stimmt.

Der Mount Everest krönt den jungen, noch wachsenden Himalaya, jene Bergkette auf der Indischen Platte, die sich vor ungefähr 25 Millionen Jahren aufzufalten begann. Der Himalaya wächst jedes Jahr um fünf Millimeter. Der Everest ist erst seit etwa einer halben Million von Jahren der höchste Berg der Erde.

In Tibet ist der Mount Everest als Chomolungma bekannt, in Nepal als Sagarmatha, „Tor des Himmels". Obwohl am höchsten Berg der Erde mehr als 170 Bergsteiger starben, versuchen immer wieder Alpinisten ihr Glück: allein und ohne Sauerstoff wie Reinhold Messner oder auf Skiern abwärts wie der Japaner Yuicho Miura 1970.

DAS HÖCHSTE PLATEAU DER ERDE

Das Tibetische Hochplateau
Lage: Südwestchina
Höhe über dem Meer: 4000 bis 5500 m
Koordinaten: 33° 00′ 00″ N | 92° 00′ 00″ O

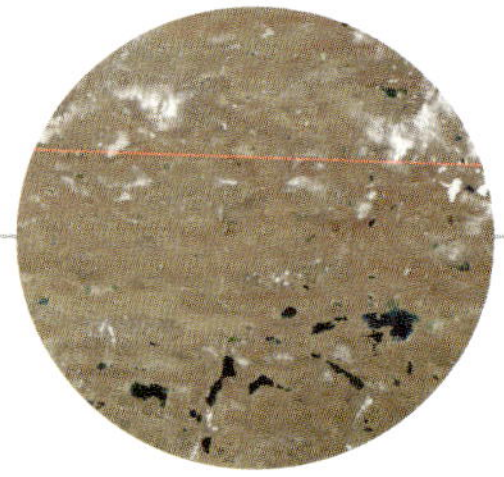

Das Tibetische Hochplateau erstreckt sich über das südwestliche China und bedeckt ein Gebiet, das etwa halb so groß ist wie das der 48 US-amerikanischen Staaten. Es wird im Norden von den Wüsten Tarim und Qaidam begrenzt, im Süden und Westen von den Bergketten des Himalaya, des Karakorum und des Pamir.

Mit ihrer Höhe von annähernd 5000 Metern über dem Meeresspiegel ist diese wüste, trockene, vom Wind gepeitschte Landschaft das höchste Plateau der Welt. Auch wenn der höchste Gipfel 7010 Meter nicht übersteigt, birgt diese Hochebene andere Extreme der Erde: Permafrost und zahlreiche Salzseen in den Schluchten ihres rauen Terrains. Der Tilicho in Nepal beispielsweise liegt in einer Höhe von 4920 Metern und gehört damit zu den höchst gelegenen Seen der Welt.

Hochebenen bilden neben Bergen, Hügeln und Tiefebenen eine der vier Hauptformen von Landschaften. Bei der Auffaltung der Erdkruste, die durch das Zusammenstoßen der tektonischen Platten verursacht wurde, entstanden Plateaus, die so flach waren wie eine Tischplatte. Mit der Zeit formten Wetter und Erosion diese Landschaften. Flüsse schürften Täler aus dem Gips und frästen steile Wände oder Klippen an den Rändern der heutigen Plateaus heraus.

Das Tibetische Hochplateau entstand im frühen Miozän und erreichte seine heutige Höhe vor ungefähr acht Millionen Jahren. Die Regionen des Plateaus und seiner Umgebung umfassen weite Steppen, türkisblaue Seen, dichte Wälder und Wüsten. Sie bieten gefährdeten Tieren Schutz: dem Yak, der Saiga-Antilope, dem Asiatischen Schwarzbären, Schafen und Nashörnern.

Als vor rund 50 Millionen Jahren die Eurasische gegen die Indische Platte prallte, entstand das spektakuläre Gebiet des Himalaya und des tibetischen Hochplateaus. Die Region verändert sich noch immer unter dem Einfluss geologischer Kräfte, die stark genug sind, um den Himalaya jedes Jahr um ein paar Millimeter anzuheben. Zu seinen Gipfeln zählen einige der bemerkenswertesten geologischen Erscheinungen der Welt, von schneebedeckten Bergen und Gletschern bis hin zu Canyons und tropischen Regenwäldern.

In seinem Klassiker „Sieben Jahre in Tibet" schrieb Heinrich Harrer: «Das Sammeln von Yakmist und das Wasserholen beanspruchte unsere ganze Energie, und jedes Wort wurde uns dabei zu viel. Einmal am Tag kochten wir und löffelten Suppe aus dem brodelnden Topf – der Siedepunkt war hier so niedrig.»

George C. Band

AUFSTIEG

Schwach kauerte ich an einem 45 Grad steilen Eishang auf fast 8235 Meter Höhe und versuchte, mit dem Eispickel einen Sims für unser Zweimannzelt aus dem Eis zu hacken. Wenn ich ausholte, schlug ich gegen die Felswand hinter mir – der Absatz war viel zu schmal –, und als wir das Zelt aufgestellt hatten, hing es alarmierend weit über der Kante. Unser Hilfsteam stieg ab, Joe Brown und ich blieben uns selbst überlassen. Wir losten aus, wer an der Außenseite schlafen musste. Ich verlor.

Es war der 24. Mai 1955. Joe und ich waren von Charles Evans ausgewählt worden, als Erste den Gipfel des Kangchendzönga zu besteigen. Er war mit 8586 Metern der höchste der noch unbezwungenen Gipfel, gut 250 Meter niedriger als der Mount Everest, galt aber als schwieriger. Über die Jahre waren starke Expeditionen sowohl an der Nordost- als auch an der Nordwest-Flanke gescheitert, an der Südwest-Seite gab es häufig Lawinen. John Hunt – er hatte 1953 die Erstbesteigung des Mount Everest angeführt, bei der Hillary und Tenzing den Gipfel erreichten, meinte einmal, dass «Kangch», wie wir ihn nannten, «das größte Bravourstück des Bergsteigens» sein würde. Er warnte vor technischen Problemen und vor Gefahren, die größer waren als am Everest.

Bei der Besteigung des Everest war ich der Jüngste im Team gewesen und hatte nur eine bescheidene Rolle gespielt. Diese Besteigung jetzt bot mir die Chance, mich hervorzutun. Joe besuchte den Himalaya zum ersten Mal, aber ihm eilte der Ruf als Großbritanniens bester Kletterer voraus. Wir versuchten uns an der so gut wie jungfräulichen Südwest-Seite des Kangch. Hier war noch niemand über 6000 Meter hinausgekommen. Unser Ziel war es, das Great Shelf zu erreichen – ein Eisplateau in 7300 Meter Höhe. Für den Fall, dass die Sache sich als leichter erweisen sollte als erwartet, hatten wir

Sauerstoff und genügend Ausrüstung dabei, um den Gipfel in Angriff zu nehmen.

Die östliche Hälfte des Bergs liegt im indischen Bundesstaat Sikkim, dessen Bewohner den Kangchendzönga als Gott verehrten. In ihren Augen wäre es ein Sakrileg, seinen Gipfel zu entweihen. Deshalb versprachen wir, den Gipfel selbst nicht zu betreten. Nach vier Wochen entdeckten wir eine Route, die um einen trügerisch niedrigen Gletscherabbruch herumführte, zu den Steilwänden eines oberen Gletscherabbruchs, wo wir relativ sicher vor Lawinen waren. Nachdem wir ein Lager errichtet und die Sherpas die Ausrüstung gebracht hatten, waren wir bereit, den Anstieg zu wagen: zuerst Joe und ich, dann Norman Hardie und Tony Streather.

In dieser Nacht bereiteten Joe und ich ein Zitronengetränk aus Instantpulver und Tee zu, mit Unmengen Zucker, um einer Austrocknung vorzubeugen. Unser Abendessen bestand aus Spargelsuppe aus der Tüte, einer kleinen Dose Lammzungen sowie Kartoffelpüree. Vor dem Schlafen gab es heiße Schokolade. Dann krochen wir in unsere Schlafsäcke. Wir trugen jedes Kleidungsstück, das wir hatten, sogar unsere Schuhe. Wir wollten nicht, dass sie steif frören, wie es Hillary am Everest passiert war. Unser Kletterseil behielten wir umgebunden und befestigten es mit einem Haken an einem nahe gelegenen Felsen, falls das Zelt über die Kante rutschen würde. Wir teilten uns eine Flasche mit Sauerstoff, ein Liter pro Minute für jeden, aber ich schlief nicht gut, ich war zu aufgeregt. Die anderen hatten ihr Äußerstes gegeben, damit wir so weit hochkämen, und wir wollten sie nicht enttäuschen. Ich betete für gutes Wetter.

Um 8.15 Uhr kletterten wir den vereisten Aufstieg hinauf, der zum Westsattel führte. Als wir dort tückische Felsspitzen sahen, beschlossen wir, auf demselben Weg zurückzukehren und den Gipfel lieber direkt anzugehen. Der Boden bestand aus einer Mischung aus Eis, Schnee und Fels, deshalb nahmen wir unsere Steigeisen ab und betrachteten das Ganze mehr als Felskletterei. Wir bewegten uns auf einen kleinen Schneesattel zu, der direkt zum Westsattel führte. Wir kletterten auf einen unglaublich felsigen Sims, auf dem wir in der Luft zu schweben schienen, Hunderte von Metern über dem Fels und Gletscher unter uns.

Wir erreichten den Sattel um zwei Uhr mittags und hatten nur noch für wenige Stunden Sauerstoff übrig. «Wir sollten um drei zurückgehen, Joe», sagte ich, «oder wir müssen hier draußen übernachten.» «Wir müssen den Gipfel vorher erreichen», rief er zurück.

Wir hielten uns unterhalb des Sattels, um vor Wind geschützt zu sein, und kamen unterhalb einer senkrecht und glatt aufragenden Felsnase heraus. Sie wurde von mehreren vertikalen, etwa sechs Meter hohen Spalten durchzogen und hing am Gipfel etwas über. Joe

Da war ein Wolkenmeer in 6000 Meter Höhe. Nur die allerhöchsten Gipfel ragten daraus hervor – wie Felseninseln in einem Meer aus weißen Wogen.

versuchte sich an einer Spalte. Seine Sauerstoffflasche war voll aufgedreht, auf sechs Liter pro Minute. Gesichert mit einigen Haken, setzte er seinen Weg fort, ich folgte.

Vor uns, etwa sechs Meter entfernt und eineinhalb Meter über der Stelle, an der wir standen, lag der Gipfel, ein sanft gewölbter Schneekegel. Wir waren so weit gekommen, wie es uns erlaubt war.

Viele Menschen haben mich gefragt, ob ich nicht in Versuchung geriet, auch die letzten paar Meter zu gehen. Die Antwort heißt Nein. Ich war sehr müde und dankbar für jede Ausrede zum Innehalten. Aber was für eine Aussicht! Ein Wolkenmeer in 6000 Meter Höhe. Nur die allerhöchsten Gipfel ragten daraus hervor – wie Felseninseln in einem Meer aus weißen Wogen. Im Westen, 130 Kilometer entfernt, hoben sich die drei Giganten Makalu, Lhotse und Everest tiefblau vom blassen Horizont ab.

Wir begannen mit dem Abstieg. Nach einer Stunde war der Sauerstoff zu Ende. Wir warfen die Behälter weg und kletterten erschöpft hinunter. Geleitet von den Rufen Hardies und Streathers, erreichten wir unser Zelt, als es dunkel wurde. Eigentlich hätten wir noch weiter absteigen müssen, aber bei Dunkelheit war es zu gefährlich. So quetschten wir uns zu viert in das winzige Zelt. Wieder lag ich an der Außenseite.

Hardie und Streather wiederholten unsere Tour am nächsten Tag mit Erfolg. Auch sie machten kurz vor dem Gipfel Halt, aus Respekt vor dem Gott des Kangchendzönga. Niemand anders hat diesen Berg in den folgenden 22 Jahren bestiegen.

DIE HÖCHSTE BERGKETTE DER ERDE

Der Himalaya
Lage: Nordgrenze des indischen Subkontinents
Koordinaten: 28° 00′ 00″ N | 84° 00′ 00″ O

Vor rund 55 Millionen Jahren begann die Indische Platte sich gegen die Eurasische Platte zu schieben. Dadurch fing das leichte Sedimentgestein des alten Tethys-Meeres an, sich aufzufalten, woraus vor 25 Millionen Jahren der Himalaya entstand. Er umfasst drei verschiedene Bergketten. Über mehr als 2500 Kilometer erstrecken sie sich am Südrand des tibetischen Hochplateaus. Himalaya ist Sanskrit und bedeutet „Wohnsitz des Schnees".

Der Himalaya beherbergt mehr als 30 Gipfel, die höher als 7620 Meter sind, und alle 14 Achttausender der Erde. Darunter den höchsten Berg der Welt, den Mount Everest (8850 Meter), sowie den dritthöchsten, den Kangchendzönga (8586 Meter). In dem relativ jungen und immer noch wachsenden Gebirge gibt es immer wieder schwere Erdbeben. Das verringert jedoch nicht den Ansturm von Bergsteigern, deren Traum es ist, wenigstens einen der Gipfel zu bezwingen. Eher spirituell orientierte Besucher kommen, um eine Pilgerreise zu den Hinduschreinen zu machen oder um mit dem Glauben der tibetischen Buddhisten in den Klöstern in Verbindung zu kommen. Trekker nehmen es mit den Vorgebirgen des Himalaya auf, den stark vergletscherten Südhängen, welche die Hauptflüsse des indischen Subkontinents speisen – wie den Indus, Sutlej, Ganges und Brahmaputra.

Der Himalaya ist die Quelle zahlreicher Mythen, von tibetischen Volksmärchen bis zu buddhistischen Legenden oder dörflichem Aberglauben. In diesen ist das Paradies das vorherrschende Thema, in solchen Höhen durchaus verständlich. Es heißt Shambhala oder Shangri-La, ein mythisches Königreich mit Seen, die wie Juwelen glitzern, Bäumen, die Wünsche erfüllen und Steinen, die sprechen können. Dieser Ort der universellen Weisheit und des Friedens soll irgendwo jenseits von Tibet liegen. Auch wenn sich manche Besucher über die Vorstellung lustig machen, der Himmel sei irgendwo in Tibet – die chinesische Regierung würde einen solchen Gedanken sofort leugnen – liegt Shambhala für diejenigen, die daran glauben, ganz nah – vielleicht sogar um die nächste Ecke.

Die Hindu-Weisen sagen, alle 1000 Jahre fliegt ein Vogel über den Himalaya. Mit einem Seidenschal im Schnabel streift er das Granitgestein. Wenn es auf diese Weise abgetragen worden ist, endet ein Tag im kosmischen Zyklus.

DIE LÄNGSTE BERGKETTE DER ERDE

Die Anden
Lage: Südamerika
Länge: 8900 km
Koordinaten: 20° 00′ 00″ S | 67° 00′ 00″ W

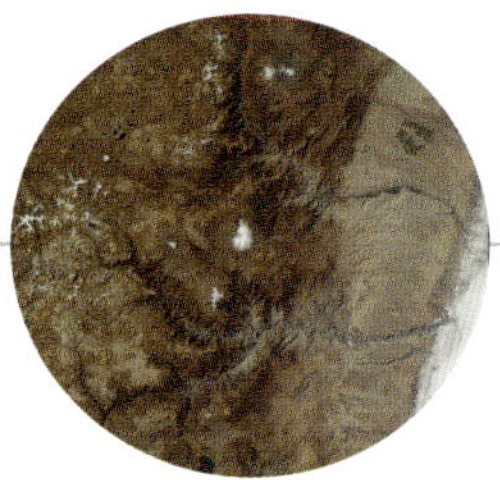

Scharfe Silhouetten, hohe vereiste Gipfel und tiefgrüne Schluchten verraten, dass es sich bei den Anden um eine junge Bergkette handelt. Kein Foto kann dem Ausmaß und der Vielfalt der längsten Bergkette über dem Meeresspiegel gerecht werden. Entlang des Pazifischen Ozeans zieht sie sich von Feuerland nordwärts durch sieben Länder Südamerikas – die Anden sind das 8900 Kilometer lange Rückgrat dieses Kontinents.

Die Anden wachsen noch immer rasch, begleitet von Erdbeben und vulkanischen Aktivitäten. Seit ungefähr 25 Millionen Jahren schiebt sich die Nazca-Platte, die sich nach Osten bewegt, unter den südamerikanischen Kontinent und hebt die Landmasse empor, wobei sie feste Felsschichten verschiebt und verfaltet. Die Anden wachsen alle 300 Jahre um 30,5 Zentimeter und bilden die zweithöchste Bergkette nach dem Himalaya. Der höchste Gipfel der Anden (und der westlichen Hemisphäre) ist der 6960 Meter hohe Aconcagua an der argentinisch-chilenischen Grenze. Nur einen Katzensprung von der „Cordillera Real" entfernt liegt der Titicacasee, der höchst gelegene See der Welt. Mit einer Fläche von 8290 Quadratkilometern ist er mit dem Schiff befahrbar. Das Wasser der Anden speist so riesige Ströme wie den Amazonas, den Orinoco und den Rio de la Plata.

Außer Gipfeln, Seen und Flüssen bieten die Anden weitere Extreme – etwa die hoch gelegene, kalte Atacamawüste in Chile, der trockenste Ort der Erde, sowie Plateaus und Täler, die einst einige der ältesten Zivilisationen dieser Hemisphäre beherbergten. Zum Beispiel die Inka, die in den peruanischen Anden die bemerkenswerte Stadt Machu Picchu hinterlassen haben. Andere Bewohner waren die Pukara, die mehr als 2500 Jahre vor den Inka im Hochland der Anden lebten, die Tiwanaku sowie im ersten Jahrtausend vor Christus die Chawin in Peru.

Die Anden bilden zwar die längste Bergkette zu Lande. Aber die wirklich längste Bergkette unseres Planeten liegt im Meer und ist viermal länger als die Anden, die Rocky Mountains und der Himalaya zusammen: Der Mittelozeanische Rücken zieht sich von der Arktis durch den Atlantik, durchquert dann als Atlantisch-Indischer Rücken den Indischen Ozean und reicht als Pazifisch-Indischer Rücken bis in den Pazifik.

DIE HÖCHSTEN UND GRÖSSTEN BERGE DER ERDE

Mauna Kea: 9754 m, vom Meeresgrund gemessen
Koordinaten: 19° 49′ 25″ N | 155° 28′ 15″ W
Mauna Loa: 9661 m, vom Meeresgrund gemessen | 80 000 km^3 Volumen | 5271 km^2 Fläche
Koordinaten: 19° 28′ 56″ N | 155° 36′ 18″ W
Lage: Hawaii (Big Island), Hawaii-Inseln

Kniffelige Frage: Wie heißt der höchste Berg der Welt? Die meisten Menschen antworten: Mount Everest. Mit 8850 Metern ist der Everest tatsächlich der höchste Gipfel der Erde und die höchste Erhebung – auf dem Land. Aber er ist nicht der höchste Berg überhaupt und schon gar nicht der größte. Diese Auszeichnung geht an zwei benachbarte Berge der hawaiianischen Hauptinsel (Big Island). Sie besteht aus fünf Vulkanen, die zusammen eine Insel bilden. Der ruhende Vulkan Mauna Kea (rechte Seite, im Vordergrund) ist erstaunliche 9754 Meter hoch – von seinem Fuß am Meeresgrund gemessen; 4205 Meter davon liegen über dem Meeresspiegel. Stünde der Mauna Kea auf gleicher Höhe wie der Everest, wäre sein Gipfel mehr als 1000 Meter höher – unerreichbar selbst für den kühnsten Bergsteiger. Auch was die Masse betrifft, zieht der Everest den Kürzeren: Der Mauna Loa (rechte Seite, im Hintergrund) ist zwar 93 Meter niedriger als der Mauna Kea, aber seine Masse von 80 000 Kubikkilometern macht ihn zum zweifellos massivsten Berg der Erde.

Der Mauna Loa gehört zu den aktivsten Vulkanen der Welt. Auch wenn die Zeit seiner größten Aktivität um 1881 war, so ist er danach noch viermal ausgebrochen: 1942, 1949, 1975 und 1984. Bei künftigen Ausbrüchen könnte seine Masse durch die Lavaströme weiter zunehmen. Der Mauna Loa und der Krater des Kilauea liegen im Hawaii Volcanoes National Park.

«Berge sind die beständigsten Monumente der Erde.»

Nathaniel Hawthorne

DER HÖCHSTE FREISTEHENDE BERG DER ERDE

Kilimandscharo
Lage: Tansania
Höhe: 5895 m
Koordinaten: 03° 05′ S | 37° 21′ O

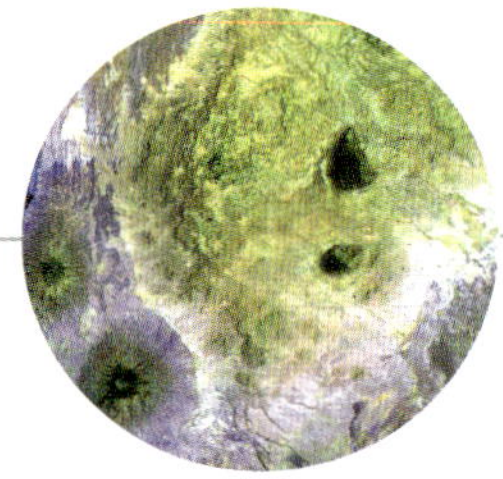

Auf einer klassischen Fotografie des Kilimandscharo stehen im Vordergrund Massai-Hirten in der Savanne nahe des Amboseli-Nationalparks in Tansania. Hinter ihnen erhebt sich aus der Ebene das schneebedeckte Massiv einer unbestrittenen Schönheit. Der Kilimandscharo ist der höchste Berg Afrikas und der höchste freistehende Berg der Welt. Er liegt drei Grad südlich des Äquators im Nordosten Tansanias und ragt aus einer Reihe von etwa 20 Vulkanen am südlichen Ende des ostafrikanischen Grabens empor. Der riesige Berg ist ein kürzlich erloschener Vulkan, aus dem noch Dampf und Schwefel austreten. Die Massai nennen ihn *oldoinyo oibor* (Weißer Berg), auf Suaheli heißt er *kilima njaro* (Strahlender Berg). Doch wer seinen Gipfel, den Uhuru (5895 Meter), besteigen will, sollte das Suaheli-Wort *polepole* beherzigen. Es bedeutet so viel wie „langsam".

Von den jeweils höchsten Bergen eines Kontinents ist der Kilimandscharo vielleicht am einfachsten zu besteigen. Aber es ist immer noch äußerst strapaziös, auf das Dach des afrikanischen Kontinents zu gelangen, um über den Wolken entlang der blau schimmernden Gletscher zu wandern. Der Anstieg beginnt sanft und harmlos an den Hängen des Bergs. Aber das letzte Drittel der Tour führt auf einem steilen Grat hinauf. Dort heult der Wind, und die Sonne brennt mit aller Kraft. Es kann sechs Tage dauern, bis man den Gipfel des Kilimandscharo erreicht, weitere zwei Tage, um wieder hinabzusteigen. Doch der Blick vom Gipfel entschädigt für jede Anstrengung: unzählige große und kleine Krater – kalt, felsig und braun. Das Gelände sieht ebenso altertümlich wie unwirtlich aus.

DIE GRÖSSTEN TAFELBERGE DER ERDE

Bergland von Guayana, Pìco da Neblina
Lage: an der Grenze zwischen Venezuela und Brasilien
Größe: 446 km lang | durchschnittliche Breite 16 km
Koordinaten: 00° 50′ 00″ N | 66° 00′ 00″ W

Tepuis sind Tafelberge mit glatten Seitenwänden, die die wilden Savannen und Wälder Venezuelas überragen. Für Entdecker und Botaniker sind Tepuis empfindliche Ökosysteme, die Orchideen, Flechten, Farne, Sukkulenten und Millionen anderer Pflanzen des Regenwalds beherbergen. Viele Arten wurden vorher nie gesehen.

Mehr als 100 Tepuis erheben sich über das Bergland von Guayana an der Grenze zwischen Brasilien und Venezuela. Die Gipfel der Tepuis sind nährstoffarm, kalt und feucht – eine Umgebung, die auf den ersten Blick zu unwirtlich wirkt, um eine große Artenvielfalt hervorzubringen. Doch überraschenderweise umfassen die Tepuis vier verschiedene Vegetationszonen. Sie beginnen am Fuß der Berge und ziehen sich bis zu den Geröllhängen, von dort bis zum Fuß des Steilhangs und zuletzt bis zum Gipfel. Auf dem Weg nach oben erinnern Affen, Faultiere, Wiesel, Jaguare, Pumas, Fledermäuse, Schlangen, Leguane und zahlreiche Vögel den Wanderer daran, dass er sich in einer recht ursprünglichen Gegend aufhält.

Tepuis stehen auf dem Guayana-Schild, einem Felsmassiv, das vor über einer Milliarde Jahre entstand. Mit der Zeit wurde sein Granitsockel mit Sand bedeckt, der sich mit der Zeit verfestigte, bis er mehrere tausend Meter dick war. Vor etwa 180 Millionen Jahren trennten Landhebung und Erosion die Tepuis und isolierten sie.

«Wie soll ich je dieses erhabene Geheimnis vergessen? Die Höhe der Bäume und die Dicke der Stämme ... Orchideen und wundervoll gefärbte Flechten ... das alles war wie der Traum von einem Märchenland.»

Ein Tepui, beschrieben von Sir Arthur Conan Doyle in „Die vergessene Welt“

DIE SPEKTAKULÄRSTEN FELSWÄNDE DER ERDE

El Capitan, Yosemite-Nationalpark, Kalifornien, USA
Koordinaten: 37° 52′ 00″ N | 119° 24′ 00″ W

Devil's Tower National Monument, Wyoming, USA
Koordinaten: 44° 35′ 21″ N | 104° 41′ 46″ W

Trollrygen, Romsdal, Norwegen
Koordinaten: 62° 40′ 00″ N | 07° 50′ 00″ O

The Thumbnail, Torssukatakfjord, Grönland
Koordinaten: 69° 58′ 00″ N | 51° 05′ 00″ W

Der Monolith Devil's Tower in Wyoming ragt 264 Meter über dem mäandernden Bell Fourche River auf. Er ähnelt einem riesigen versteinerten Baumstamm mit einer Terrasse darauf. Wissenschaftler gehen davon aus, dass Devil's Tower entstand, als Magma den Schlot eines Vulkans füllte und eine feste Basaltsäule bildete, die zu einem Felsblock erstarrte. In Millionen von Jahren trug die Erosion durch Wind und Wasser den Vulkan ab und fräste Klippen in seinen festen Felskern. Dieser Monolith ist für viele Indianer der nordamerikanischen Prärien ein heiliger Ort.
Sie haben viele Namen für den Felsen, einschließlich *mateo tepee* (Bärenhütte). In der Legende über die Entstehung des Devil's Tower heißt es, dass ein furchterregender Bär Menschen bis zu diesem Felsen jagte, der wie durch ein Wunder plötzlich entstand, sie in die Höhe hob und den Bär im Nebel zurückließ.

Im kalifornischen Yosemite-Nationalpark erhebt sich El Capitan, der größte Granitmonolith der Welt (rechte Seite) fast 1000 Meter über dem Tal. Er zieht Kletterer zu Hunderten an. Eine viel abgelegenere und quälendere Herausforderung ist der 1500 Meter hohe Thumbnail im Torssukatakfjord an der Südspitze Grönlands: die höchste Meeresklippe der Welt, eine der höchsten senkrechten Felswände überhaupt. Eine weitere imposante Felswand liegt an einem Fjord in der Nähe der Kleinstadt Andelsnes an der norwegischen Westküste. Die 1100 Meter hohe Klippe aus Gneis wird wegen der Nadeln und Felsspitzen, die den Gipfelgrat zieren, *trollrygen* (Trollrücken) genannt.
Der Legende nach wurden die Trolle, die einst diese bergige Küstenregion bewohnten – manche sagen, dass sie dort immer noch hausen – wegen ihrer Sünden zu Stein.

DIE HÖCHSTEN BERGE DER ERDE

1 MOUNT EVEREST | Himalaya, Nepal/Tibet | 8850 m
2 K2 (GODWIN AUSTEN) | Karakorum, Pakistan/China | 8611 m
3 KANGCHENDZÖNGA | Himalaya, Indien/Nepal | 8586 m
4 LHOTSE I | Himalaya, Nepal/Tibet | 8516 m
5 MAKALU I | Himalaya, Nepal/Tibet | 8463 m
6 CHO OYU | Himalaya, Nepal/Tibet | 8201 m

Alle Höhenangaben sind in Metern angeführt und entsprechen den Angaben im Columbia Gazetteer of the World und im Merriam Webster Geographical Dictionary. Die Ortsnamen wurden durch das United States Board on Geographic Names und die Datenbank für geographische Namen der National Imagery Mapping Agency (NIMA) bestätigt.

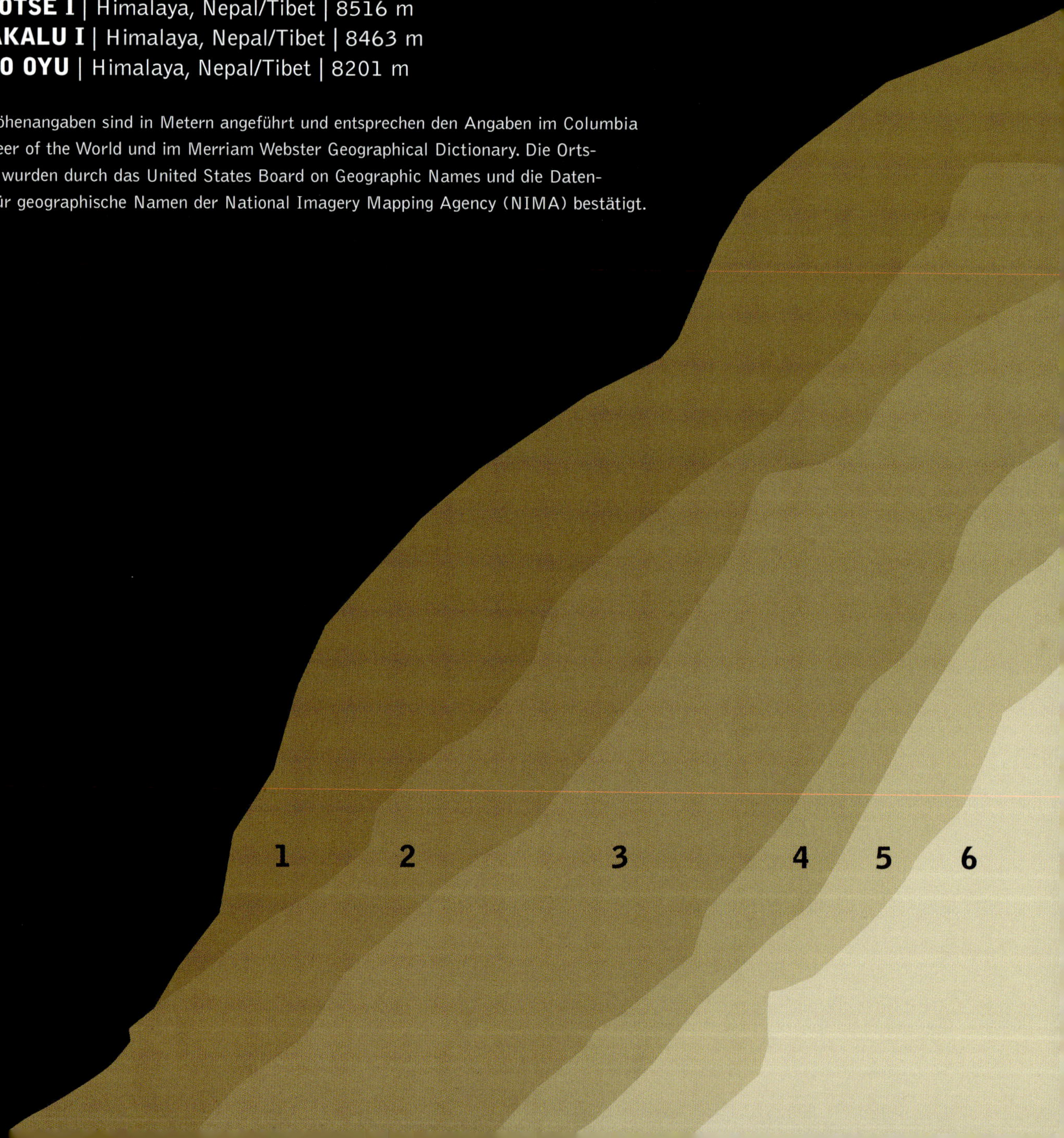

DER SCHÖNSTE MONOLITH DER ERDE

Uluru
Lage: Northern Territory, Australien
Koordinaten: 25° 20′ 00″ S | 131° 00′ 00″ O

Der Entdecker W. C. Gosse erblickte den Uluru am 19. Juli 1873 und schrieb: «Als ich mich näherte, offenbarte der Berg seine höchst eigentümliche Erscheinung. Der obere Teil war von Löchern und Höhlen bedeckt. Ich hatte die Sandhügel hinter mir gelassen und war nur noch zwei Meilen entfernt, als ich den Berg plötzlich vor mir sah. Ich staunte, dass es sich um einen gewaltigen Felsblock handelte, der sich schroff und unerwartet aus der Ebene hob; die Löcher, die ich gesehen hatte, waren durch Wasser verursacht und bildeten an einigen Stellen riesige Höhlen.» Der Uluru ist tatsächlich beeindruckend. Er ragt mehr als 300 Meter aus der Sandwüste heraus, sein Umfang misst mehr als acht Kilometer. Gosse nannte ihn Ayers Rock, nach dem damaligen australischen Ministerpräsidenten Sir Henry Ayers.

Australischen Schulkindern wird erzählt, der Uluru sei der größte Monolith der Welt. Ein Monolith ist ein einzelner, massiver Fels; demnach müsste der Uluru ein gigantischer Kiesel sein, der auf dem Wüstensand liegt oder zum Teil darin eingegraben ist. Die geologische Entstehungsgeschichte deutet aber auf etwas anderes.

Der Uluru – sein Name bedeutet grob übersetzt „Mutter der Erde" – besteht aus Sand und Kies, die sich vor etwa 550 Millionen Jahren abgelagert haben. Einer Legende nach wurde er von zwei Jungen geschaffen, die den Berg aus regennassem Boden geformt hatten. Die Löcher, Furchen und Höhlen sollen Narben von Kämpfen zwischen tierähnlichen Vorfahren sein. Die Wahrheit ist weniger romantisch. Der Felsblock entstand in einem Zeitraum von 100 Millionen Jahren, als die Landmasse, die den künftigen Uluru enthielt, mit anderen Kontinenten zusammenstieß. Dadurch hob sich das Land und faltete sich auf. Die Kollision presste die Sand- und Kiessedimente zu Gestein und schob sie auf ihren Platz. Die Erosion der folgenden 100 Millionen Jahre ließ dann die angehobenen Gebiete fast verschwinden. Als vor etwa 65 Millionen Jahren das Klima feuchter wurde, entstanden Flüsse. Ihre Sedimente füllten die Täler zwischen dem Uluru, dem Kata Tjuta (früher bekannt als Mount Olga) und dem Mount Connor und schliffen die Landschaft glatt.

Der Uluru ist weder der größte Monolith der Erde noch ein einzelner, halb im roten Wüstensand vergrabener Stein. Er ist Teil einer im Untergrund liegenden Felsformation, die etwa 100 Kilometer breit und ungefähr fünf Kilometer dick ist. Über der Erde sichtbar sind nur der Uluru, die prachtvollen Türme des Kata Tjuta und der Mount Connor. Tatsächlich ist der Mount Augustus in Westaustralien der größte Monolith der Welt.

Dr. Karl S. Kruszelnicki

Nach einer Legende der Aborigines war der Uluru zunächst ein flacher Sandhügel mit einem Wasserloch. Die dort siedelnden Menschen fanden Nahrung und Wasser im Überfluss. Aber eines Tages wurde der Sandhügel samt seiner

Bewohner zu Stein. Die Felsen in einer Schlucht sehen heute noch so aus, wie eine Gruppe von Frauen, die in ihrem Dorf zusammensitzt. Die – damals schlafenden – Männer liegen als Felsen über die Ebene verstreut.

DER GRÖSSTE MONOLITH DER ERDE

Mount Augustus
Lage: Westaustralien
Koordinaten: 24° 20′ 00″ S | 116° 53′ 00″ O

Mit 858 Metern ist der Mount Augustus fast dreimal so hoch wie der Uluru. Aber im Gegensatz zu seinem berühmteren und schöneren Cousin ist der Mount Augustus von Vegetation bedeckt. Dadurch sieht er eher wie ein gewöhnlicher Berg aus, während der Uluru auffallend golden leuchtet. Der Mount Augustus ist jedoch in anderer Hinsicht spektakulär. Sein zentraler Kamm ist fast acht Kilometer lang, sein Gestein schätzungsweise eine Milliarde Jahre alt. Der Mount Augustus entstand, als sich ein uralter Meeresboden aus Sandstein hob und auffaltete. Das Wasser wich in Hunderten von Millionen Jahren zurück und gab die Sandsteinschichtung frei. Beim Uluru ist der Sandstein anders geformt und von einer harten Schutzschicht bedeckt. Der Mount Augustus, der von seinem Geröllfundament aus langsam ansteigt, heißt nach Sir Augustus Charles Gregory – dem Bruder von Francis Gregory, der den Monolithen 1858 als erster Europäer bestieg.

«Die Mythen der Aborigines erzählen von legendären Totem-Wesen, die in der Traumzeit über den Kontinent wanderten, singend alles benannten, was ihren Weg kreuzte – Vögel, Tiere, Pflanzen, Felsen und Wasser – und so die Welt ins Dasein sangen.»

Bruce Chatwin, „Traumpfade"

DIE GRÖSSTE NICHTPOLARE WÜSTE DER ERDE

Sahara
Lage: Nordafrika
Größe: 9 065 000 km^2
Koordinaten: 26° 00′ 00″ N | 13° 00′ 00″ O

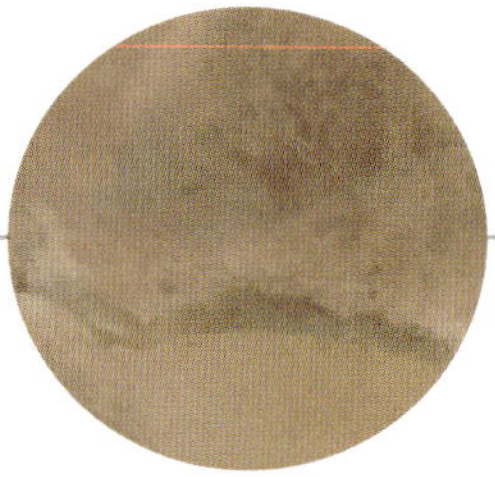

Der Name Sahara kommt vom Arabischen *sahra'* (Wüste). Die Sahara ist größer als die 48 zusammenhängenden US-Bundesstaaten und überzieht einen Großteil Nordafrikas mit Kiesebenen, Sand und Dünen.

Auch wenn nicht einmal ein Viertel dieses nordafrikanischen Ökosystems von Sand bedeckt ist, wird das gängige Bild von den wilden Dünen im südlichen Teil geprägt. Die größte von ihnen ist mehr als 150 Meter hoch. Mit dem Wüstensand ist ein geheimnisvolles Phänomen verbunden – ein Singen oder Summen, das von manchen Dünen ausgeht. Es klingt wie ein Pfeifen, nicht ganz so melodiös wie ein Lied. Manche Wissenschaftler sagen, dass das Geräusch mit der Form und Leitfähigkeit der Quarzkristalle des Sandes zu tun hat, aber noch ist das Rätsel ungelöst. Die Sahara umfasst auch flache, je nach Saison überflutete Becken, große Landsenken mit Oasen, von Felsen übersäte Plateaus und abrupt aufragende Berge. Die höchste Erhebung ist der 3417 Meter hohe Berg Emi Kussi im Tibestimassiv des Tschad. Der tiefste Punkt liegt 133 Meter unter dem Meeresspiegel in der Kattarasenke in Ägypten.

Die Wüstengebiete, die den nördlichen Teil Afrikas beherrschen, unterliegen einem unerbittlich harten Klima. In den meisten Regionen kann der Regen jahrelang fast ganz ausbleiben, um dann in Sturzbächen vom Himmel zu fallen. So paradox es klingt: In der Sahara ist die Gefahr zu ertrinken größer als in vielen feuchteren Gebieten der Erde. Der Pflanzenwuchs ist spärlich, die Passatwinde wehen stark und anhaltend, und die Temperaturen reichen von Frost bis zu glühender Hitze.

Geologen sind überzeugt, dass es in der Sahara Perioden mit höherer Niederschlagsmenge gab. Die letzte liegt 5000 bis 10 000 Jahre zurück. Aber seit 3000 v. Chr. ist die Sahara eine Wüste. Mit Ausnahme des Niltals leben dort etwa zwei Millionen Menschen; die ethnischen Hauptgruppen sind Berber, Tibu und die Tuareg.

Es gab immer die romantische Sehnsucht, in die legendäre Stadt Timbuktu in Mali zu reisen, die als Synonym für das Ende der Welt galt. Bis 1828 war es keinem Europäer gelungen, die geheimnisvolle Stadt zu betreten – und zurückzukehren, um von ihr zu berichten.

«Ich schlief in schwarzen Zelten, blauen Zelten, Lederzelten, Filzzelten und hinter Dornenwällen. Eines Nachts, in einem Sandsturm der Sahara, verstand ich Mohammeds Satz: ‹Eine Reise ist ein Teil der Hölle.›» Bruce Chatwin

Sanddünen sind ein rauer, trügerischer Lebensraum. In der Wüste, auf dem Meeresgrund und sogar auf dem Mars formen sie sich ständig um. Für T. E. Lawrence bedeuteten sie Erleichterung nach einer langen Wüstendurchquerung. In seinem Buch „Die sieben Säulen der Weisheit" schrieb er: «Der Boden war flach und ohne

Besonderheiten, bis wir um fünf Uhr niedrige Hügel vor uns sahen und uns wenig später in relativer Sicherheit befanden: umgeben von Sandhügeln, die spärlich mit Tamarisken bewachsen waren.» Die Tuareg in Marokko sagen: «Wenn der Wind in der Wüste aufhört zu blasen, ist es so still, dass man hören kann, wie sich die Erde dreht.»

DIE GRÖSSTE ZUSAMMENHÄNGENDE SANDFLÄCHE DER ERDE

Die Rub al-Chali, das „Leere Viertel" in der Arabischen Wüste
Lage: Arabische Halbinsel
Größe: 582 750 km²
Koordinaten: 25° 00′ 00″ N | 45° 00′ 00″ O

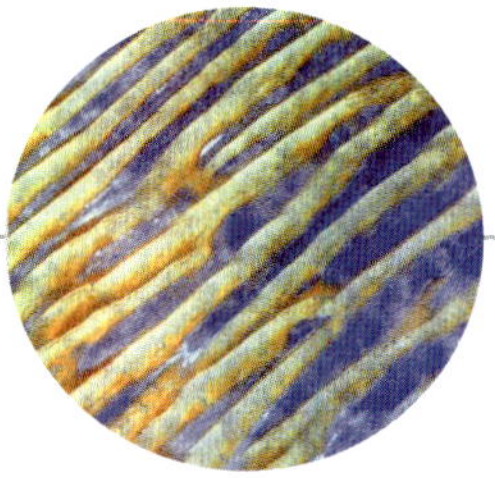

Trockene, heiße, scheinbar endlose Sanddünen, auf denen Kamele entlangziehen, während die Sonne vom Himmel brennt. Das Klischee einer Wüste rührt von der südwestlichen Rub al-Chali (dem „Leeren Viertel") her, einer riesigen, ununterbrochenen Sandfläche, die ein Viertel der fast 1,6 Millionen Quadratkilometer großen Arabischen Wüste ausmacht.

Die Schotterebenen, felsigen Hochlande und Dünen der Arabischen Wüste mögen ein fruchtbarer Boden für die Phantasie sein – man denke an Lawrence von Arabien – aber nicht für die Vegetation. Es weht eine ständige Brise, die rasch zum Sandsturm werden kann, und wenn die tagsüber glühende Sonne dem Nachthimmel weicht, geht der Frost durch Mark und Bein.

Die Arabische Wüste ist nur dünn besiedelt, aber schon seit Jahrtausenden leben Beduinen und andere Nomadenvölker in ihr. Archäologen haben vor kurzem im Jemen einen 3000 Jahre alten Tempel ausgegraben, der die alten südarabischen Kulturen in neuem Licht erscheinen lässt. Dieser Fund könnte sich als so bedeutend herausstellen wie die Ruinen von Pompeji, die Pyramiden von Gizeh oder die Akropolis in Athen. Unter Wüstensand begraben liegt der Mahram Bilqis, der Tempel des Mondgottes, der unter der legendären Königin von Saba eine wichtige Rolle gespielt haben soll. Ein Archäologe sagte: «Das Reich der Königin von Saba war die Wiege der Arabischen Zivilisation, und der Mahram Bilqis das Herzstück dieses Königreichs. Man könnte den Tempel des Mondgottes auch als achtes Weltwunder betrachten.»

«Eine Wolke bildet sich, Regen fällt, die Menschen leben; die Wolke verschwindet, ohne Regen zu spenden, Menschen und Tiere sterben. In den Wüsten Südarabiens gibt es keine Jahreszeiten, nichts als Ödflächen, in denen nur die Temperaturveränderung den Lauf des Jahres anzeigt.»

Wilfred Thesiger, „Die Brunnen der Wüste"

DIE ÄLTESTE WÜSTE DER ERDE

Namib
Lage: Namibia, südliches Afrika
Alter: 55 Millionen Jahre
Koordinaten: 23° 00′ 00″ S | 15° 00′ 00″ O

In der Sprache der Nama bedeutet Namib „eine Gegend, in der nichts ist", doch für jeden, der die wundervollen Sandriffel dort gesehen hat, ist diese Bezeichnung irreführend. Die Namibwüste erstreckt sich über 2000 Kilometer vom Olifants River bis zur Kapprovinz von Südafrika, wo sie an die Kalahariwüste auf dem Plateau der „Großen Randstufe" grenzt. Die Farben der sich ständig bewegenden Dünen wechseln von gelbgrün an der Atlantikküste bis zu ziegelrot im Landesinneren. Die Dünen sind mindestens 55 Millionen Jahre alt und machen die Namib zur ältesten Wüste der Welt. Sie sind von Lehmsenken durchsetzt, wie beispielsweise den spektakulären Sossusvlei-Dünen in Westnamibia, die mehr als 300 Meter hoch sein können und sich 15 bis 30 Kilometer weit ausdehnen.

Die Namib ist auch einer der trockensten Plätze der Erde. Das bestätigt ein Besuch an der berüchtigten „Skelett-Küste" – benannt nach den Seeleuten, die einen Schiffbruch überlebten, nur um in der Wüste zu sterben. Aber sogar in einer wenig besiedelten Wüste gibt es Leben: unterirdische Flüsse durchziehen das Gebiet, und die Pflanze *Welwitschia mirabilis*, die mehr als 1000 Jahre alt wird, schafft es, hier zu existieren.

Obwohl nur zwölf Prozent aller Wüsten der Erde aus Sanddünen bestehen, ziehen sie die meiste Aufmerksamkeit auf sich, vor allem, wenn sie sich bewegen. Von starken Winden getrieben, wandern Dünen mit einer Geschwindigkeit von 15 Metern im Jahr, aber im Durchschnitt verschiebt der Wind sie um jährlich drei Meter. Jeder Versuch, die Bewegungen der Dünen zu kontrollieren, ist zum Scheitern verurteilt. Die Bewohner der einst durch Diamanten reich gewordenen Stadt Kolmanskop in Namibia wissen dies aus leidvoller Erfahrung. Zwischen 1911 und 1914 fand man hier fünf Millionen Karat Diamanten – ungefähr 1000 Kilogramm. Aber Wassermangel und der ständig Sand vor sich herwirbelnde Wind vertrieben die Minenarbeiter. Die Wüste holte sich Kolmanskop zurück. Heute gibt es dort nur Sand und die Ruinen einer einstmals glitzernden Stadt.

DIE LÄNGSTEN SANDDÜNEN DER ERDE

Simpsonwüste
Lage: Zentralaustralien
Länge: 220 km
Koordinaten: 25° 00′ 00″ S | 137° 00′ 00″ O

Dünen entstehen, wenn der Wind den Sand in ein geschützes Gebiet bläst, etwa in einen Wald oder in eine Ansammlung von Felsblöcken oder Häusern. Je mehr Sandkörner sich ansammeln, desto höher wächst der Sandhaufen. Seine Form und Größe wird von der Richtung und Kraft des Winds bestimmt. Die Dünen der 130 000 Quadratkilometer großen Simpsonwüste in Australien können 200 Kilometer lang werden.

Der Simpson-Desert-Schutzpark lockt Besucher mit weit ausgedehnten Wüsten, verstreut wachsenden Mulga-Büschen, Grashügeln und ausgetrockneten Salzseen. Die wüstenhafte Hitze am Tag – nur manchmal von saisonalen Regenfällen unterbrochen – kann unerbittlich sein. Ursprünglich bevölkerten einige Stämme der Aborigines diese Gebiete. Sie konzentrierten sich an den Wasserläufen am Rande der Wüste. Einige ihrer Brunnen und Steinansammlungen findet man noch heute im Zentrum der Wüste. Europäische Siedler tauchten hier vor etwa 150 Jahren auf.

Die Schönheit der Simpsonwüste beruht auf den vielen parallel verlaufenden roten Sandrücken. Vor Hunderttausenden von Jahren war das Gebiet von Süßwasserseen oder dem Meer bedeckt. Als vor rund 40 000 Jahren das Herz des australischen Kontinents auszutrocknen begann, verfrachtete der Wind die oberen Schichten des Sands in das weite Becken des Eyre-Sees. Er formte die langen Dünen, die im Durchschnitt 20 Meter hoch sind. Die Farbe des Sands variiert von gelbweiß (nahe den Wasserläufen) bis rot (von einer Schicht aus Eisenoxid). Lehm, Salzpfannen und Sandverwehungen bestimmen die raue Landschaft.

Obwohl in der Simpsonwüste im Durchschnitt weniger als 200 Millimeter Regen pro Jahr fallen, sind ihre Dünen nicht öde: Genügsame Gräser sprießen auf den Dünenkämmen. Nach einigen kurzen Regenfällen erblühen

DIE GRÖSSTEN WÜSTEN DER ERDE

Wenn nicht anders angegeben, entsprechen die Angaben dem Columbia Gazetteer of the World und dem Merriam Webster Geographical Dictionary. Die Ortsnamen wurden vom United States Board on Geopraphic Names und der Datenbank der National Imagery Mapping Agency (NIMA) überprüft.

1 SAHARA
Lage: Nordafrika | Größe: 9 065 000 km²

2 AUSTRALISCHE WÜSTE
Lage: Australien | Größe: 1 371 000 km²

3 ARABISCHE WÜSTE
Lage: Arabische Halbinsel | Größe: 2 300 000 km²

4 GOBI
Lage: Zentralasien | Größe: 1 300 000 km²

5 KALAHARI
Lage: südliches Afrika | Größe: 259 000 km²

2

DIE GRÖSSTE GIPSDÜNE DER ERDE

White Sands National Monument
Lage: New Mexico, USA
Koordinaten: 32° 36′ 17″ N | 106° 30′ 07″ W

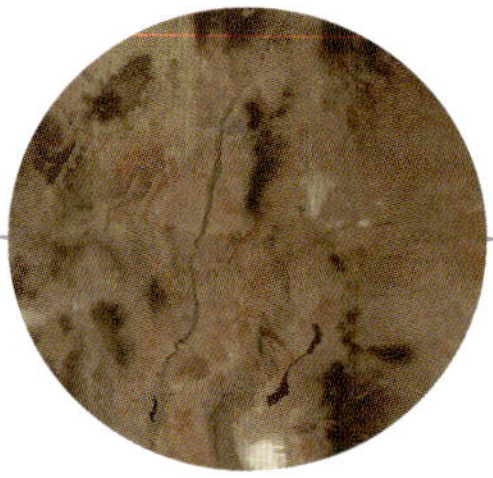

Im Zentrum des Tularosa Basin, einem von Bergen umringten Tal am Nordende der Chihuahuan Desert, erhebt sich 18 Meter hoch eine blendend weiße Anhäufung aus Gips. Dieser Berg ist von einer 700 Quadratkilometer großen Wüste umgeben, die von glitzerndem weißen Sand bedeckt ist: dem größten Gips-Dünenfeld der Welt. Das ist das White Sands National Monument.

Gips (Kalziumsulfat) ist ein Mineral, das hoch oben in den Bergen von San Andres und Sacramento vorkommt. Mit der Zeit wurde durch die Hebung der Berge, durch Regen und Schnee Gips aus den Felsen gelöst. Er gelangte in das Tularosa Basin und wurde dort als Sediment abgelagert. Nachdem das Wasser aus dem Sediment verdunstet war, bildete der Gips Kristalle, die zu Körnern zerbrachen. Der Wind türmte diese zu riesigen weißen, staubigen Dünen auf. Sand besteht meistens – so auch im größten Teil der Sahara – aus schwerem Quarz. Gips dagegen ist weich und leicht. Auch diese Dünen bewegen sich weiter und überlagern neues Land, wenn starke Südwestwinde sie vorantreiben. Die Dünen bilden einen sanften, vom Wind abgewandten Überhang mit einer riffeligen Oberfläche. Am steilen Haupthang der Düne türmt sich Sand auf, bis die Schwerkraft ihn nach unten rutschen lässt. So bewegt sich die Düne vorwärts.

In White Sands gibt es vier Arten von Dünen: die mondsichelförmigen Barchan-Wanderdünen, die in Gebieten mit starkem Wind, aber nur wenig Sand entstehen; transverse Dünen, die aus einem langen Sandrücken bestehen, der in Windrichtung verläuft; parabolische Dünen, die sich am Rand des Dünenfelds bilden, und Kuppeldünen. Das sind niedrige Hügel aus Sand, die sich am schnellsten bewegen – bis zu zehn Meter pro Jahr.

Die weißen Sande in New Mexico, vom Wind zu wellengleichen Riffeln verweht, zeigen, wie leicht sich dieses Material von allein zu Gebilden formt – eine Inspiration für jeden Künstler. Natürlicher Gips,

DIE GRÖSSTE SANDINSEL DER ERDE

Fraser Island
Lage: Queensland, Australien
Größe: ungefähr 171 km^2
Koordinaten: 25° 15′ 00″ S | 153° 10′ 00″ O

Fraser Island entstand aus dem Nichts mit Hilfe des Winds. Geformt während der Eiszeit, als Winde ungeheure Mengen Sand aus New South Wales verfrachteten und an der Küste von Queensland ablagerten, wäre Fraser Island als größte Sandinsel der Erde schon bemerkenswert genug. Aber Fraser Island – von vielen Menschen wird das Weltkulturerbe auch Great Sandy Island genannt – ist eine Kombination vieler verschiedener Ökosysteme. Hier gibt es ausgedehnte Sandstrände, Mangrovensümpfe, Regenwälder, Buschland, Heide sowie ungefähr 40 Seen. Die Hälfte aller Dünenseen der Welt oberhalb des Grundwasserspiegels befindet sich hier, ebenso wie mächtige Sanddünen. Kiefern, Palmen und der seltene Bootfarn (*Angiopteris,* der Farn mit den längsten Farnwedeln der Welt), 200 Vogelarten, Wallabies (kleine Kängurus), Dingos, Schlangen, Oppossums, Schildkröten und Flughunde sind in dieser Küstendünen-Landschaft zu Hause.

In der Vergangenheit wurde dieses empfindsame Ökosystem durch den Abbau von Sand und durch Abholzung gefährdet. Doch die Bemühungen lokaler Umweltschützer, zerstörerische industrielle Methoden abzuwehren und Fraser Island zu schützen, waren schließlich erfolgreich.

Hawaii-Inseln, USA

Black Sand Beach auf Punaluu: 21° 35′ N | 157° 54′ W
Red Sand Beach auf Hana: 20° 46′ N | 155° 59′ W
White Sand Beach auf Kauai: 22° 00′ N | 159° 41′ W
Green Sand Beach bei Ka Lae: 18° 54′ N | 155° 41′ W

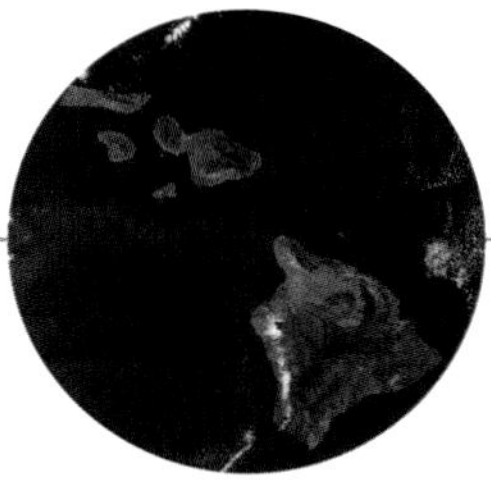

Die Strände in Florida und in der Karibik bestehen aus zermahlenen Muschelschalen und Korallen. Bermuda ist für seinen rosa Sand berühmt. Doch der Ursprung all dieser Strände ist der Gleiche: Die umgebenden Riffe liefern die farbbestimmenden Zutaten. Während die meisten Sande mehr oder weniger einfarbig sind, bilden die Strände rund um die Hawaii-Inseln eine erstaunliche Farbpalette.

Hawaiis Hauptinsel Big Island und andere vulkanisch aktive Gebiete sind für ihre Strände mit schwarzem Sand bekannt. Sie entstehen, wenn Wellen und Strömungen einen Strand aus Lavagestein bilden. Der schwarze Sandstrand von Punaluu im Bezirk Kau befindet sich an den Rändern eines neuen Lavadeltas, das durch den Ausbruch des Puna entstand.

Hawaiis längster Strand mit weißem Sand ist Polihale Beach auf der Insel Kauai. Wie seine karibischen Schwestern besteht dieser Strand vor allem aus zermahlenen Muscheln und Korallen, durchsetzt von etwas vulkanischer Asche. Er erstreckt sich über 27 Kilometer, es gibt dort bis zu 30 Meter hohe Dünen. Weil der Strand ungeschützt direkt am offenen Meer liegt, können Brandung und Strömung ihm gewaltig zusetzen.

Der Sand des kleinen Strands nahe dem Dorf Hana auf der Insel Maui besteht fast ausschließlich aus roter Asche, die aus einem alten Aschekegel stammt und von einem Magma speienden Schlot ausgespuckt wurde. Der Strand liegt innerhalb der Caldera, dem eingestürzten Herz des Vulkankegels. Hinter ihm ragt eine steile Wand auf.

Der spektakulärste Strand ist Green Sand Papakolea Beach nahe dem südlichsten Punkt von Hawaii, am Fuß des Aschekegels Puu Mahana. Grüne Strände sind ein seltenes geologisches Phänomen. Sie entstanden durch die Erosion von Olivin-Kristallen, einem olivgrünen Mineral in den umliegenden Vulkankegeln. Die Wellen des Ozeans trugen den Kegel ab und schufen eine kleine Bucht; anschließend schwemmte das Meer die leichteren Körner der Vulkanasche weg und ließ die schweren Olivin-Kristalle an der Küste zurück.

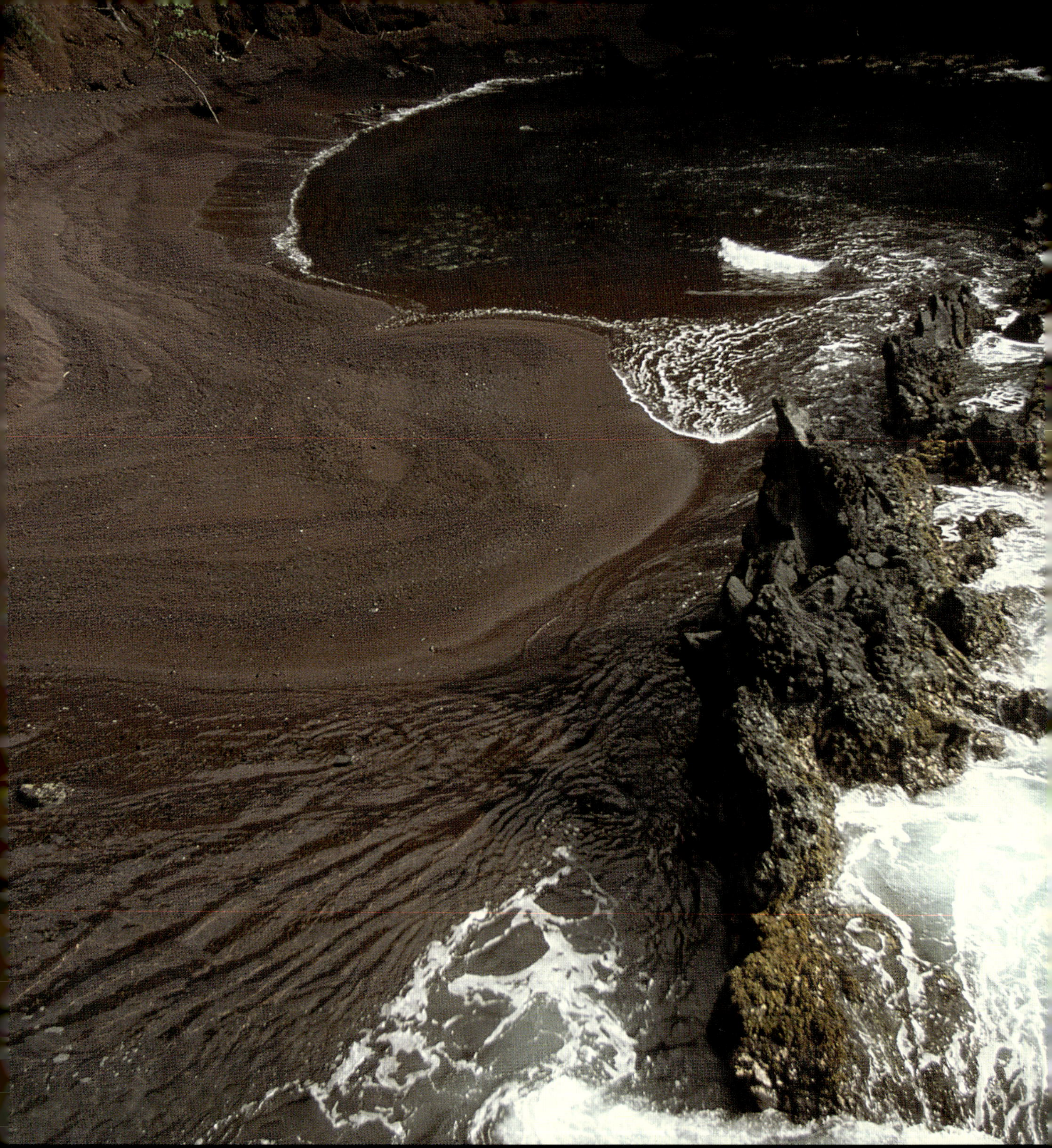

Dieser rote Strand auf Maui ist nach einem Halbgott benannt, der die Insel aus dem Meer gefischt haben soll.

Puu Mahana ist ein 24 Meter hoher Aschekegel direkt am Meer. An seinem Fuß liegt ein seltener grüner Strand.

DIE LÄNGSTE SCHLUCHT DER WESTLICHEN WELT

Grand Canyon
Lage: Arizona, Südwesten der USA
Größe: 446 km lang | durchschnittliche Breite 16 km | 1,6 km tief
Koordinaten: 36° 03′ 16″ N | 112° 08′ 19″ W

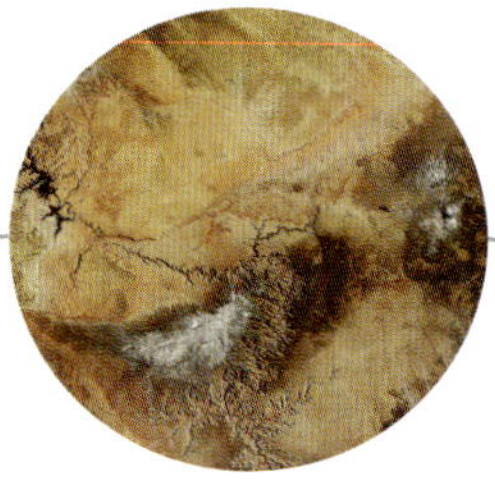

Der Grand Canyon in Arizona ist die berühmteste Felsformation der Welt. Seine älteste Gesteinsschicht, Vishnu Schist, ist ungefähr 1,7 Milliarden Jahre alt, die Sedimente selbst sind bis zu 320 Millionen Jahre alt. Abgesehen von seinen Dimensionen gewährt der Grand Canyon einen interessanten Einblick in die Entwicklung der Erde. Seine Wände berichten von uralten Ozeanen, Strömen und Winden. Vor etwa sechs Millionen Jahren begann ein riesiger Fluss – der heutige Colorado – die zehn verschiedenen Schichten freizulegen. Als der Strom, der auf seinem Weg zum Golf von Kalifornien 670 Höhenmeter in fast 200 Stromschnellen überwindet, sich in Kalkstein, Sandstein und Schiefer fräste, enthüllte er nicht nur geologische, sondern auch biologische Geheimnisse. Fossile Schwämme, Seelilien und Korallen halfen, die Entstehung des Lebens zu entschlüsseln.

Als der Geologe Clarence Dutton zwischen 1875 und 1881 den Grand Canyon untersuchte und viele seiner Besonderheiten benannte, war er verblüfft über die Vielfalt der Felsformationen, besonders der Säulen: «Jede von ihnen würde, allein auf eine etwas entferntere Ebene gestellt, als eines der großen Wunder dieser Welt betrachtet. Doch hier stehen sie dicht gedrängt ... mit unbeschreiblicher Kraft und Würde.»

Der Grand Canyon wurde vor 3000 Jahren erstmals von den Anasazi-Indianern besiedelt. 1869 führte John Wesley Powell, ein einarmiger Bürgerkriegsveteran, die erste dokumentierte Expedition an, die den Colorado hinabfuhr. Die Wände der Schlucht beschrieb er als «Pforten zur Hölle». 1903 erklärte Theodore Roosevelt den Canyon zu den Naturphänomenen, die jeder Amerikaner gesehen haben sollte; heute zieht das Weltnaturerbe jedes Jahr fünf Millionen Besucher an. Wenn die untergehende Sonne von den eisenoxidhaltigen Sedimenten reflektiert wird, taucht sie die Besucher auf den Klippen in goldenes Licht – ein unvergessliches Erlebnis.

„The Wave", eine Felsformation in der Paria Canyon Primitive Area, ungefähr 40 Kilometer vom Grand Canyon

DIE LÄNGSTE UND DIE TIEFSTE SCHLUCHT DER ERDE

Die Große Yarlung-Zangbo-Schlucht und die Namcha-Barwa-Schlucht
Lage: Tibetischer Himalaya
Größe: 496 km lang | 5,3 km tief
Koordinaten von Namcha Barwa: 29° 40′ 00″ N | 95° 10′ 00″ O

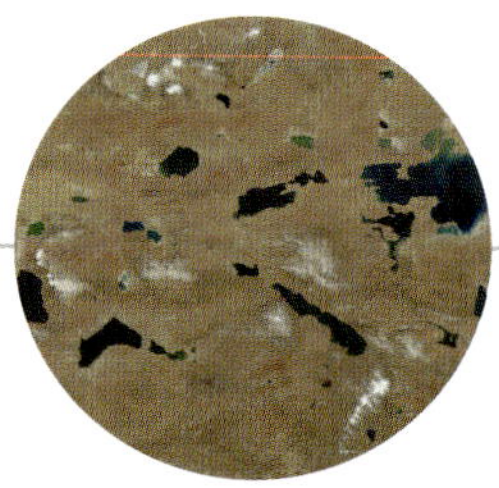

Der Grand Canyon in Arizona gilt nicht mehr als größte Schlucht der Welt. Im Jahr 1994 erkannte das American Geography Committee das Tal des Flusses Yarlung Zangbo (Brahmaputra) im Himalaya als größte Schlucht der Erde an. Es ist 50 Kilometer länger als sein nordamerikanisches Pendant und mehr als 4000 Meter tiefer. Die tiefste Stelle dieses Flusstals bildet die Namcha-Barwa-Schlucht, die Mitglieder einer amerikanischen Forschungsexpedition am 8. Oktober 1993 entdeckt und dokumentiert haben. Vor dieser Entdeckung galt das 3,2 Kilometer tiefe Tal des peruanischen Río Colca als tiefste Schlucht der Erde. 1981 waren polnische Entdecker dort hinabgestiegen.

Das Flusstal des Yarlung Zangbo erstreckt sich von Tibet bis nach Bangladesch. Es entstand wie der Himalaya und das Hochland von Tibet vor 55 Millionen Jahren, als die Eurasische und die Indische Festlandplatte zusammenstießen. Die Schlucht zieht sich durch so unterschiedliche Landschaften wie schneebedeckte Berge und Gletscher bis hinein in den tropischen Regenwald. Sie beherbergt eine entsprechend reiche Fauna, darunter Tiger, Leoparden, Katzenbären und Bären. Schluchten, also tiefe Täler mit beinahe senkrechten Wänden, entstehen oft in Gebieten, in denen das Land gehoben wurde, Gletscher sich durch tiefe Täler schnitten oder Ströme ein Bett durch Felsen frästen, denen die Witterung wenig anhaben kann. Das Durchqueren solcher Schluchten birgt zahlreiche Gefahren wie zum Beispiel plötzliches Hochwasser. Deshalb sind einige der tiefsten Täler der Welt noch immer unentdeckt.

«Felsen zerbröckeln, bilden eine neue Form, Ozeane verschieben Kontinente, Berge entstehen und vergehen wie von Geisterhand. Gleichwohl ist alles natürlich, alles ist Wandel.»

Anne Sexton

Die 6660 Meter tiefe Kali-Gandaki-Schlucht – benannt nach der Hindugöttin der Zerstörung – windet sich zwischen zwei Gebirgsketten hindurch, vorbei am Dhaulagiri (8172 Meter) und am Annapurna (8091 Meter). Jahrtausendelang war die Schlucht, die zum Yarlung-Flusstal gehört, ein lebenswichtiger Handelsweg zwischen Indien und Tibet.

DIE TIEFSTE HÖHLE DER ERDE

Gouffre Mirolda
Lage: Haute-Savoie, Frankreich
Größe: geschätzte Länge 10 000 m | gemessene Tiefe 1733 m
Koordinaten: 46° 00′ 00″ N | 06° 20′ 00″ O

Der Titel „tiefste Höhle der Erde" gilt meist nur für kurze Zeit – und schon erschließen sich wieder noch tiefere Höhlenräume.

Als dieses Buch geschrieben wurde, galt der Gouffre Mirolda in der Haute-Savoie in Frankreich als tiefste Höhle der Erde. Vorher war jahrelang der Lamprechtsofen-Vogelschacht im österreichischen Salzburg als tiefste Höhle der Welt bekannt. Mit einer Tiefe von 1632 Metern bot dieses unterirdische Labyrinth mehr als genug Terrain zum Auskundschaften, selbst für die umtriebigsten Höhlenfans. Dann entdeckte ein Team ukrainischer und russischer Wissenschaftler im Jahr 2001 die Voronja-Höhle im Kaukasus in Georgien wieder und bestimmte ihre Tiefe mit 1710 Metern. So trug auch sie zeitweise den Titel „tiefste Höhle der Erde", bis Gouffre Mirolda ihn für sich beanspruchen konnte. Weitere Erkundungen der Voronja-Höhle und des Lamprechtsofens könnten jedoch dazu führen, dass die einstigen Rekordhalter ihren früheren Ruhm wiedererlangen, wie folgendes Beispiel zeigt.

Unter bekannten Höhlen verbergen sich zuweilen weitere, unbekannte Höhlen. So entdeckten Forscher 1986 nicht weit von den Tropfsteinhöhlen des Carlsbad National Park in New Mexico unter dem 27 Meter tiefen „Misery Hole" die Lechuguilla-Höhle. Bislang wurden 157 Kilometer dieses „neuen" Höhlensystems kartografiert. Mit 479 Meter Tiefe ist Lechuguilla zur Zeit immerhin die tiefste Kalksteinhöhle der USA.

Die Lechuguilla-Höhle in New Mexico ist zwar weniger tief als ihre französischen, österreichischen und kaukasischen Rivalinnen, doch auch sie ist faszinierend schön. Das Foto wurde von einem Höhlenforscher aufgenommen, der, ausgestattet mit Lampen und Klettergurt, wie alle seiner Zunft davon besessen ist, immer weiter in die Erde vorzudringen.

DIE GRÖSSTE FELSKAMMER DER ERDE

Sarawak-Kammer
Lage: Sarawak, Malaysia
Größe: ungefähre Länge 700 m | Breite 451 m | durchschnittliche Höhe 100 m
Koordinaten: 04° 04′ 00″ N | 114° 56′ 00″ O

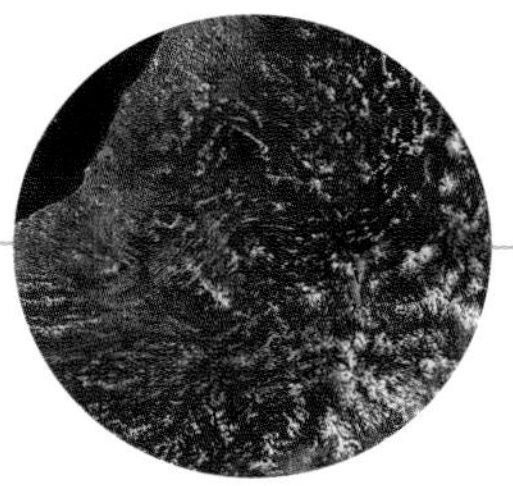

Jede Höhle ist wie ein verborgenes Theater mit einer eigenen Dekoration, Form, Persönlichkeit, Akustik und einem speziellen Geruch. Doch sie ist aufregender als Theater, weil es schon schwierig ist, überhaupt hineinzukommen. Mühsam bahnt man sich den Weg durch Gänge aus Kalkstein, Marmor, Dolomit oder Lava, um schließlich einen dunklen Stollen zu erreichen, in dem Wasser von der Decke tropft. Aber Enthusiasten lassen sich davon nicht abschrecken. Schon gar nicht jene, die bis nach Borneo reisen, um den Nationalpark Gunung Mulu im malaysischen Bundesstaat Sarawak zu besuchen. Der Park ist nach dem 2377 Meter hohen Gunung Mulu benannt, wie es heißt, der Berg mit den meisten Höhlen der Welt. Mindestens 290 Kilometer des unterirdischen Labyrinths sind schon entdeckt.

Das Kronjuwel dieser Unterwelt ist die Lubang Nasib Bagus, die „Glückshöhle", in der die so genannte Sarawak-Kammer liegt. In ihr ließe sich eine gotische Kathedrale unterbringen, und es wäre immer noch Platz übrig. Die riesigen Höhlen in dem Nationalpark entstanden, nachdem vor zwei bis fünf Millionen Jahren der weiche Kalkstein durch geologische Kräfte gehoben und später durch tropische Flüsse erodiert worden war. Die Sarawak-Kammer enthält Sedimentablagerungen und Kanäle, die die verschiedenen Ebenen der Höhle miteinander verbinden.

Der Nationalpark Gunung Mulu bietet noch einen weiteren Superlativ: Die „Hirschhöhle" (Gua Payau) mit einem Durchmesser von 120 bis 150 Metern ist der größte Höhlengang der Welt.

DAS LÄNGSTE HÖHLENSYSTEM DER ERDE

Mammoth Cave
Lage: Kentucky, USA
Größe: mindestens 566 km
Koordinaten: 37° 11′ 10″ N | 86° 06′ 00″ W

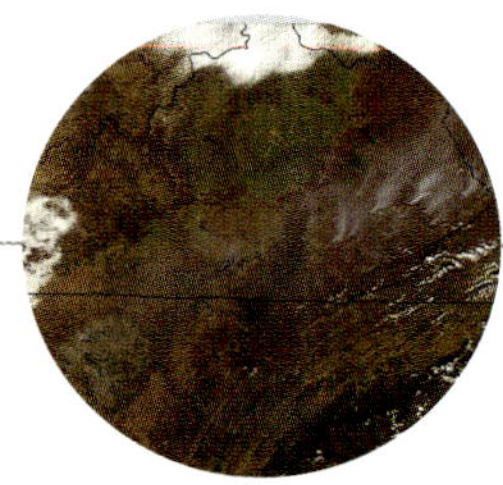

Als ein namenloser Entdecker vor 2000 Jahren den Mittelpunkt der Erde suchte, wurde er durch einen Deckeneinsturz in der Mammoth Cave erschlagen und für immer begraben. 1935 entdeckten zwei Bergführer in dieser Höhle seinen erstaunlich gut erhaltenen Körper.

Mammoth Cave – das längste Höhlensystem der Welt – windet sich unter den Hügeln und Wäldern Kentuckys hindurch. Die gesamte Länge des Mammoth-Cave- und Flint-Ridge-Cave-Systems ist nicht bekannt, aber von 1799 an wurden mindestens 566 Kilometer an unterirdischen Gängen auf verschiedenen Ebenen erforscht und kartografiert. Das Ausmaß dieses riesigen Systems war für die Forscher anfangs von geringerer Bedeutung als das Mineral, das in ihr vorkommt: Salpeter, ein wichtiger Bestandteil des Schießpulvers.

Aber mit der Zeit wurde die tatsächliche Länge von Mammoth Cave zur quälenden Frage der Höhlenliebhaber. Zerklüftete Berge, steile Felsufer und zwei Hauptflüsse prägen die Oberfläche des Mammoth-Cave-Nationalparks. Zahlreiche tiefe Spalten, Täler und unterirdische Flüsse schneiden durch die porösen Schichten des Kalksteins, der unter dem Gebiet liegt. Mehr als 25 Millionen Jahre lang setzte kohlensäurehaltiges Wasser dem Felsgestein zu, formte Vertiefungen, Höhlen und spülte lange Durchgänge aus. Die riesigen senkrechten Schächte dagegen entstanden durch versickerndes Grundwasser.

Sogar Tiere hausen in den verschiedenen Kalksteinformationen mit ihren gewaltigen Kammern, Stalagmiten, Stalaktiten und Gipsrosen oder in den unterirdischen Seen und Flüssen mit poetisch klingenden Namen wie „Säulen des Herkules" oder „Gefrorener Niagara". Zu den Bewohnern, die sich bestens an die dunkle Umgebung angepasst haben, gehören Höhlenschrecken, blinde Käfer, Fledermäuse, Fische und Flusskrebse ohne Augen.

«Und in ihrem leeren Gang gleiten wir heute dahin,
Schimmernd wie Glühwürmchen im Schein der Lampen,
Fremde Besucher, die nach und nach verschwinden,
Wie der verlorene, namenlose Fluss verschied.»

Julia Dinsmore, „Mammoth Cave"

DER LÄNGSTE, TIEFSTE UND ENGSTE SPALTENCANYON DER ERDE

Buckskin Gulch
Lage: an der Grenze zwischen Utah und Arizona, USA
Größe: 21,6 km lang | bis zu 244 m tief
Koordinaten: 37° 00′ 48″ N | 111° 59′ 58″ W

Die meisten Canyons sind wie ein „V" geformt und bilden am Grund ein Flussbett. Doch ein Spaltencanyon, auch Slot Canyon genannt, ist viel enger und hat fast senkrechte Wände. In so einem Canyon könnte man beide Wände zugleich mit den Händen berühren. Die Buckskin Gulch im Paria Canyon in Utah ist der längste, tiefste und engste Spaltencanyon der Welt. Sie ist oben und unten gleich breit: im Durchschnitt drei Meter. Doch manche Passagen sind so schmal, dass sich ein Mensch kaum hindurchzwängen kann. Ein Schild in der Nähe des Eingangs zur Buckskin Gulch warnt Wanderer: «Es kann jederzeit zu Überflutungen kommen ... und Rettungsmaßnahmen sind nie schnell genug.»

Geologen glauben, dass dieses Gebiet einst eine riesige Wüste mit Sanddünen war, die vor Millionen von Jahren durch Wind und Regen zu dem roten Stein verfestigt wurden, den man „Navajo-Sandstein" nennt. Sturzfluten haben den Stein ausgehöhlt und die skulpturenartigen, wellenförmigen Canyonwände geschaffen. An manchen Stellen sind Wasserbecken entstanden.

Hier lebt eine gespenstische Menagerie aus Klapperschlangen, Taranteln, Zaunkönigen und Felsenhörnchen. Sehr sehenswert sind die Zeichnungen der Anasazi-Indianer, die diese in die Felswände geritzt haben. Ein einsamer Krieger, der seinen Bogen spannt, und kletternde Dickhornschafe zieren die reine, rote, völlig verlassene Landschaft.

DER GRÖSSTE KRATER DER ERDE

Sudbury Crater
Lage: Ontario, Südostkanada
Größe: 140 km Durchmesser
Koordinaten: 46° 30′ 00″ N | 80° 58′ 00″ W

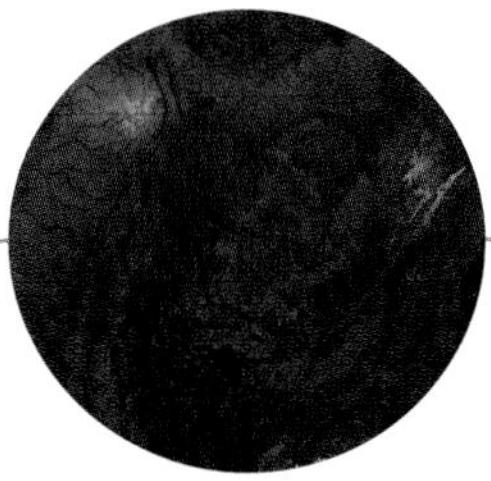

Wissenschaftler haben jahrzehntelang diskutiert, ob der Sudbury Crater durch Meteoriteneinschlag entstanden ist, oder ob es sich um einen eingestürzten Vulkankegel handelt. Zumindest zweifelt niemand daran, dass diese ausgedehnte, schüsselförmige Senke im kanadischen Ontario der größte Krater der Welt ist. Schätzungsweise fast zwei Milliarden Jahre alt, wirft er weiterhin Fragen auf: nicht nur über seine eigene Entstehung, sondern auch über die Entstehung der Erde.

Die Gegend um Sudbury enthält eines der größten und reichsten Nickel-Kupfer-Sulfat-Vorkommen der Welt. Als Sudbury zum ersten Mal untersucht wurde, vermuteten Geologen, dass diese Erze aus dem Erdmantel in Form von rot glühendem Magma aufgestiegen waren, das aushärtete, bevor es die Oberfläche durchbrach. Später entdeckten sie jedoch, dass die Zusammensetzung des Erzes von Sudbury dieser Vermutung widersprach. Heute gehen die Wissenschaftler davon aus, dass ein außerirdisches Objekt von der Größe des Mount Everest den gewaltigen Einschlagskrater geschaffen hat. Dabei wurde einzigartiges kohlenstoffhaltiges Material zurückgelassen, in Form von hohlen, fußballförmigen Molekülen, in denen Helium eingeschlossen war. Aus diesen Stoffen könnte organisches Material und somit Leben auf der Erde entstanden sein, so die Anhänger der „Sternenstaub"-Evolutionstheorie.

Wenn heute ein solches Objekt auf der Erde einschlüge, würde es in einem Umkreis von 800 Kilometern alles zerstören. Die dabei entstehende Hitze würde mindestens einige tausend Kubikkilometer vulkanischer Gase, Schwefel und Kohlenmonoxid freisetzen. Die sauerstoffarme, aber an Kohlendioxid reiche Luft am Rande des Kraters würde sich entzünden und eine Explosion verursachen, die in ganz Nordamerika zu spüren wäre. Auf Grund des Staubs und der Asche in der Atmosphäre würde ein dunkler, kalter Winter einsetzen.

Tobasee
Lage: Nordsumatra, Indonesien
Größe: 1160 km^2
Koordinaten: 02° 35′ 00″ N | 98° 50′ 00″ O

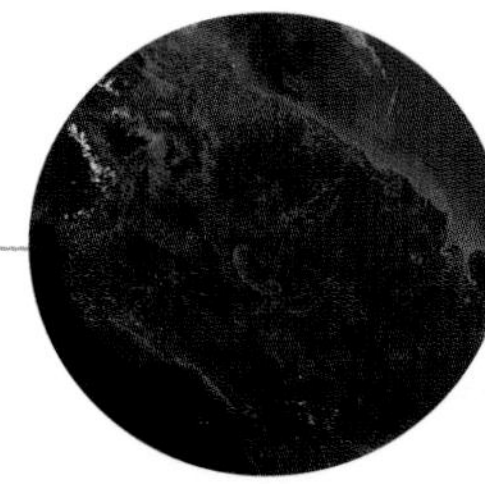

Der größte See Indonesiens (und zugleich Südostasiens), der Tobasee, liegt in einem kollabierten Vulkankegel, einer Caldera, der durch eine gewaltige Explosion entstand und sich über Tausende von Jahren mit Wasser füllte. Der Vulkan brach zum letzten Mal vor ungefähr 70 000 Jahren aus, und das Loch, das er zurückließ, ist der größte erloschene und überflutete Vulkankrater der Welt.

Der Tobasee liegt in dem vulkanischen Barisangebirge, das sich auf bis zu 910 Meter Höhe diagonal über die Insel Sumatra zieht (siehe folgende Seite). Sein Ufer ist von steilen Klippen gesäumt, die Hunderte von Metern in das tiefblaue Wasser stürzen; Felsvorsprünge umgeben das ausgedehnte, üppig bewachsene Gebiet um den Vulkankegel.

Ein wunderschönes Resultat der vulkanischen Aktivität war die Entstehung der Insel Samosir in der Mitte des Tobasees. Sie hat etwa die Größe von Singapur und ist von grünen Klippen umgeben. Diese führen hinauf ins zentrale Hochland, das mit Reisfeldern und Palmen bedeckt ist.

Der holländische Schriftsteller Louis Couperus verliebte sich in diesen Kratersee und beschrieb ihn 1923 in seinem Reisetagebuch „Eastward": «Es war die unglaubliche Schönheit einer alten, vulkanischen Welt, die durch ihre Veränderungen ein Paradies für Giganten und Götter geblieben war. In dieser Natur liegt etwas Gigantisches, und mittendrin liegt der Tobasee wie ein blaues Juwel, leuchtend zwischen perlweiß aufragenden Felsen.»

«Ein blaues Juwel, leuchtend zwischen perlweiß aufragenden Felsen.»

Eine Legende erzählt von einem Mann, der am Tobasee lebte und einen Fisch fing, der sich wundersamerweise in eine bildschöne Prinzessin verwandelte. Sie heiratete ihn unter der Bedingung, dass er niemals ihre Herkunft

verraten würde. Jahre später, als er ihr Kind scholt, damit es sein Mittagsessen aß, verlor er die Geduld und schrie: «Du verdammte Tochter eines Fisches!». Damit löste er ein Erdbeben aus.

DIE GRÖSSTEN VULKANCALDEREN DER ERDE

1 TOBASEE, SUMATRA, INDONESIEN | 100 x 30 km
2 YELLOWSTONE CALDERA, WYOMING, USA | 85 x 45 km
3 TAUPO, NORDINSEL VON NEUSEELAND | 32 x 25 km
4 LONG VALLEY, KALIFORNIEN, USA | 32 x 17 km

Information des United States Geological Survey

3
4

DIE GRÖSSTE INSEL DER ERDE

Grönland
Lage: Nordamerika und der Polarkreis
Größe: 2 166 086 km^2
Koordinaten: 72° 00′ 00″ N | 40° 00′ 00″ W

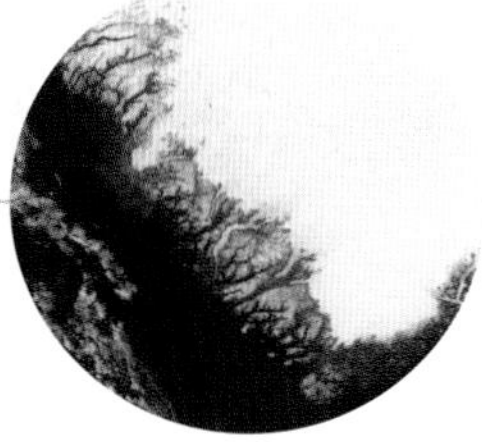

Die Grönländer nennen ihre Insel *kalaallit nunaat* – das Land der Menschen. Ein raues, abschreckendes, fast vollständig von Eis und Schnee bedecktes Land. Es ist mehr als doppelt so groß wie die zweitgrößte Insel der Welt, Neuguinea. Grönlands zerklüftete Küste, die tief von Fjorden eingeschnitten ist, ist fast so lang wie der Erdumfang am Äquator. Der nördlichste Punkt Grönlands ist weniger als 800 Kilometer vom Nordpol entfernt. Die Eisdecke der Insel enthält ungefähr zehn Prozent des Eises der Erde. Sie ist durchschnittlich 1500 Meter dick, an manchen Stellen erreicht sie 4270 Meter. Jedes Jahr bringen Grönlands Gletscher schätzungsweise 10 000 bis 15 000 Eisberge hervor.

Grönland hat nur 56 076 Einwohner, die meisten leben an der Westküste; aber dieses eisige Land spielte schon immer eine wichtige Rolle in den Mythologien der Kulturen, die neugierig auf das Leben in den nördlichsten Regionen der Welt waren. Die ersten Eskimosiedler kamen wahrscheinlich vor 5000 Jahren aus Kanada. Jede nachfolgende Kultur hat ihre Spuren hinterlassen. Die Menschen der Thule-Kultur erfanden Kajak, Harpune und Hundeschlitten, die bis heute im Alltag eine wichtige Rolle spielen. Im Jahr 985 n. Chr. begann die Kolonisierung der Insel, als der Norweger Erik der Rote sie Grünland nannte, um potenzielle Siedler anzuziehen. Nordische Sagen erzählen die Besiedlung Grönlands in allen Details.

Die Grönländer lieben die langen, gewundenen Fjorde ihrer Insel, die ausgedehnten Gletscher, blauen Eisberge und die tief am Horizont stehende Sonne. Zwar verströmt sie nur wenig Wärme, legt aber einen Dunstschleier über das arktische Gebiet. Die langen, dunklen Winter können Depressionen hervorrufen, von den Inuit *perlerorneq* – die Last – genannt.

DIE AM SCHNELLSTEN WACHSENDE INSEL DER ERDE

Island
Lage: Nordatlantik
Koordinaten: 65° 00′ 00′ N | 18° 00′ 00″ W

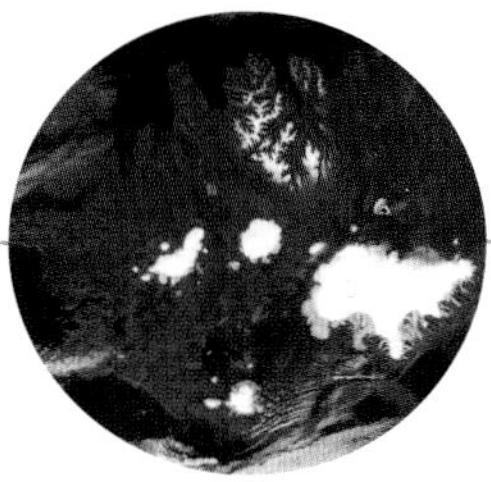

Von allen Inseln der Erde ist Island sozusagen der geographische Teenager: Es wächst kontinuierlich weiter, wenn auch in Schüben. Die Insel ist ein junges Basaltplateau, das auf dem mittelatlantischen Rücken sitzt – eine dynamische Nahtstelle, an der zwei tektonische Platten langsam, manchmal auch heftig auseinander rücken. Im Laufe eines Menschenlebens wächst Island um die Länge eines Autos.

Das Innere der Insel birgt heiße Quellen im Überfluss, mit deren Dampf Häuser beheizt werden. Die berühmten Geysire sind Zeichen der feurigen Kräfte, die unter der eisigen arktischen Landschaft brodeln. Ungefähr 200 Vulkane erheben sich auf Island, und viele von ihnen sind noch aktiv. Der höchste ist der 1490 Meter hohe Hekla, doch ein weit berühmterer Vulkan taucht drohend vor der Südküste auf.

Surtsey ist eine Vulkaninsel von drei Quadratkilometer Größe, die sich unerwartet aus den tosenden Wassern des Nordatlantiks heraus gebildet hat. Im November 1963 erhob sich der Vulkan blubbernd aus den Wellen und stieß explosionsartig Asche, Schlacke und Bimsstein aus – in einer Säule, die mehr als 305 Meter hoch in die Luft reichte. Von 1964 bis 1967 spie er Lava ins Meer; dieses Magma kühlte ab und schloss die Spalte. Oberhalb der Wasseroberfläche breitete das Magma einen Mantel über die Asche und machte aus dem jungen Vulkan eine Insel.

Der Hot Spot unter Island ist so aktiv, dass ein Drittel aller Lava, die in den letzten 1000 Jahren an die Oberfläche der Erde drang, aus Island stammt. Die Bewohner nannten die Insel Surtsey nach dem alten nordischen Gott Surtur. Der Sage nach soll er das Feuer auf die Erde gebracht haben, als die Götter entthront wurden – ein passender Name für ein Land, unter dessen eisigem Schild Feuer glüht.

Der Hekla ist der größte und zugleich aktivste Vulkan Islands. Von 1104 an zählten die Isländer 167 Ausbrüche, davon mindestens 15 große. Die häufigen Vulkanausbrüche führen zu einer raschen Vergrößerung des Landes.

DER GRÖSSTE REGENWALD DER ERDE

Amazonasbecken
Lage: Brasilien, Südamerika
Größe: 7 050 000 km²
Koordinaten: 02° 30′ 00″ S | 60° 00′ 00″ W

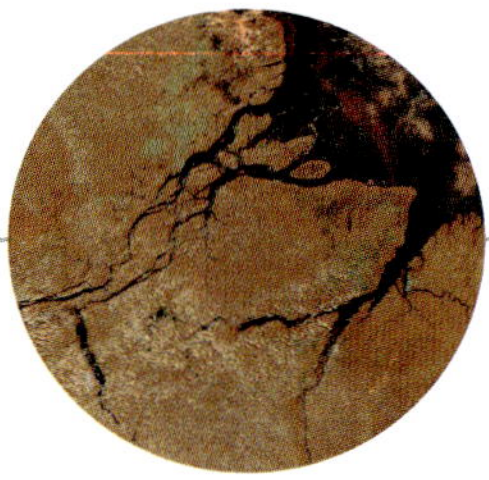

Im Amazonasbecken wurzelt mehr als die Hälfte aller verbliebenen Regenwälder der Erde. Es erstreckt sich über ein Drittel des südamerikanischen Kontinents und bildet die größte biologische Reserve der Welt. Obwohl dieser Regenwald noch überwiegend aus ursprünglicher Wildnis besteht, hat er sich in den letzten 30 Jahren stark verändert. Die brasilianische Regierung förderte den Straßenbau, die Industrie und Besiedlung, so dass große Teile des Walds durch Schadstoff aussto-ßende Industrieanlagen und wuchernde Siedlungen zerstört wurden.

Durch das Amazonasbecken fließt der vom Volumen her größte Fluss der Welt: der 6436 Kilometer lange Amazonas. Von den 22 767 bekannten Pflanzenarten der Welt wachsen hier 16 619, also fast drei Viertel. Während es in Europa nur 150 verschiedene Fischarten gibt, leben im Amazonas mindestens 1500 Arten. Hinzu kommt eine ungeheure Vielfalt an Insekten, Vögeln, Reptilien und Säugetieren. Der Regenwald liefert unter anderem Gummi, Harthölzer und Paranüsse. In ihm verbergen sich Diamanten, Gold, Erdöl und medizinisch wertvolle Wirkstoffe. Trotz seiner vermeintlichen Stärke ist das Ökosystem des Amazonasbeckens stark gefährdet. Das aggressive Abholzen und die ökologische Ausplünderung sind nach wie vor eine Bedrohung.

«So völlig jungfräuliche Wälder sind ziemlich einzigartig auf der Welt», schrieb der Botaniker Nicholas Guppy 1958 in seiner klassischen Studie über die Indianer der nördlichen Stämme des Amazonas in Guayana. «Es war wichtig, sie zu erforschen, solange sie noch intakt waren – vor allem weil es sich wahrscheinlich um einen sehr

alten Wald handelt. All diese Wälder sind von unendlicher Vielfalt, sie sind wie Kunstwerke ... In ihrer Schönheit verbinden sich alle miteinander in Wechselwirkung stehenden Naturkräfte bis zu einem Punkt der Ruhe und des Gleichgewichts.» In den letzten 50 Jahren ist die Zerstörung der Regenwälder unaufhaltsam fortgeschritten

DER TROCKENSTE PLATZ DER ERDE

Atacama
Lage: Chile
Größe: 140 000 km^2
Koordinaten: 24° 30′ 00″ S | 69° 15′ 00″ W

Die knochentrockene Atacamawüste ist eine Herausforderung für jegliches Leben. Nur wenige tausend Menschen halten sich hier mit Landwirtschaft über Wasser. Sie bauen ihre Feldfrüchte in der Nähe von Salzwiesen oder Flüssen an. Salzige Becken, Sand und Lavafelsen bilden die kalte, an der Küste Nordchiles gelegene Atacama, die sich von der peruanischen Grenze nach Süden erstreckt. Niederschläge sind hier kaum messbar, sie betragen im Durchschnitt weniger als 0,01 Zentimeter im Jahr; manche Jahre vergehen ohne einen Tropfen Regen. An einigen Plätzen in der Atacama hat es seit mehr als 400 Jahren nicht geregnet.

Die Atacama, die von ungefähr 600 Metern über dem Meeresspiegel stufenförmig ansteigt, ist klein. Ihre Größe umfasst nur einen Bruchteil der Sahara. Die Tagestemperaturen reichen von Frost bis zu 21 Grad. Die winzigen Niederschlagsmengen speisen sich aus den Nebeln, die vom Ozean heranziehen. Die wenigen Pflanzen, die hier überleben können, saugen entweder die Feuchtigkeit des Nebels und Taus auf oder bohren ihre Wurzeln tief in die Erde, um an Wasser heranzukommen. Flamingos ernähren sich von den winzigen Salinenkrebschen, die im Wasser der Salzseen leben.

Die Bewohner der Wüste „ernten" Wasser, indem sie die Feuchtigkeit des Nebels auf riesigen Planen auffangen und in Zisternen leiten. In der Atacama wurden auch einige der ältesten Mumien der Erde entdeckt: Sie waren bis zu 20 000 Jahre alt. Manche Besucher meinen, so wie hier müsse es auf dem Mars aussehen.

DER LÄNGSTE GRABENBRUCH DER ERDE

Der Ostafrikanische Graben
Lage: Nordostafrika
Größe: 6400 km lang
Koordinaten: Jordanien 31° 00′ 00″ N | 36° 00′ 00″ O
Beira, Mosambik 19° 50′ 37″ S | 34° 50′ 20″ O

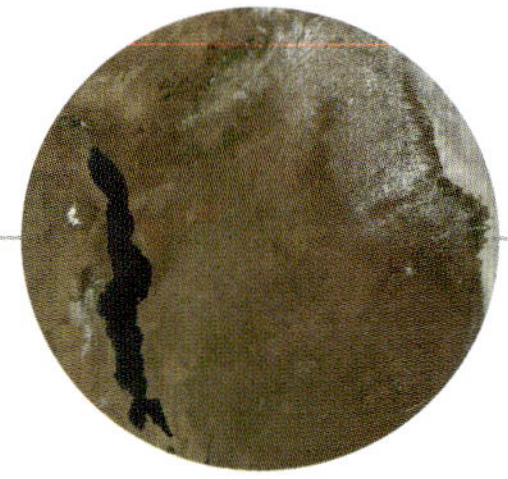

Wenn die Forscher Recht haben, ist der Ostafrikanische Graben der Beginn einer Verwerfung, die Afrika eines Tages in zwei Teile spalten wird. Dadurch würde ein neuer Ozean entstehen. Es handelt sich genau genommen um eine gewaltige Kette von Brüchen, die von Jordanien bis zur Küste von Mosambik reicht. In ferner Zukunft wird sie ein Teil des Mittelozeanischen Rückens werden, dessen größter Teil unter Wasser liegt und der 48 bis 64 Kilometer breit ist.

Von weit oben sieht der Ostafrikanische Graben wie eine riesige Narbe aus, die sich durch die Osthälfte Afrikas und den Mittleren Osten zieht. Dort gibt es aktive, inaktive sowie erloschene Vulkane und Seen. Sie entstanden durch das Auseinanderdriften der tektonischen Platten, weil die Erdkruste aufriss, in parallelen Brüchen absank und schmale Täler bildete. Falls weitere Grabenbrüche entstehen, könnte sich in mehreren Millionen Jahren das östliche Afrika ablösen und zu einer Insel werden (so wie Madagaskar).

Zum Ostafrikanischen Graben gehört auch der Jordan-Grabenbruch, durch den das Hulatal, der See Genezareth und das Tote Meer entstanden sind. Tiefe Canyons und Wadis (ausgetrocknete Flusstäler) kennzeichnen seine östlichen und westlichen Flanken. Die Danakilsenke in Äthiopien, 116 Meter unter dem Meeresspiegel, enthält große Salzseen. Sie ist mit Temperaturen bis zu 49 Grad einer der heißesten Plätze der Erde.

Auf der Erdoberfläche gibt es unzählige Grabenbrüche. Die 1200 Kilometer lange San-Andreas-Verwerfung in Kalifornien (oben) markiert die Grenze zwischen zwei tektonischen Platten und bewirkt mehr als 10 000 (meist

kleine) Erdbeben im Jahr. Dieses Bruchsystem zieht sich fast durch ganz Kalifornien und ist an manchen Stellen bis zu 16 Kilometer tief. An beiden Seiten verschiebt sich die Erdkruste pro Jahr um 56 Millimeter gegeneinander

DER GRÖSSTE UNZERSTÖRTE, NICHT ÜBERFLUTETE KRATER DER ERDE

Ngorongoro-Krater
Lage: Tansania, Afrika
Größe: 264 km^2
Koordinaten: 03° 10′ 00″ S | 35° 35′ 00″ O

Besucher des Ngorongoro-Schutzgebiets, das oft als Garten Eden bezeichnet wird, möchten vor allem die *Big Five* (Löwen, Leoparden, Büffel, Nashörner und Elefanten) sehen. Doch auch der Krater ist sehenswert: die größte unzerstörte und nicht überflutete Caldera der Welt. Das tiefe, breite Becken bildete sich vor 2,5 Millionen Jahren, als ein Vulkan explodiert und eingestürzt war. Die grüne Caldera, an der weitesten Stelle 22,5 Kilometer breit, ist wie eine Arche Noah für die Tiere. Nicht weit vom Zentrum des Kraters befindet sich ein flacher Sodasee, der rosafarben leuchtet vom Gefieder Hunderter Flamingos. Er wird von Flüssen gespeist, die an den Wänden der Caldera herabströmen. Regenwälder und Buschland bedecken die steilen Berghänge, die von Sümpfen und Kleeweiden umgeben sind.

Der Ngorongoro liegt mitten im Ostafrikanischen Graben und ist die Heimat für Flusspferde, Gnus, Geparde, Warzenschweine, Gazellen, Hyänen und Hunderte von Vogelarten. Mehr als 42 000 Massai leben im Ngorongoro-Schutzgebiet. Für sie bedeutet der Tourismus Wohltat und Bedrohung zugleich. Im Ngorongoro liegt auch die Olduvai-Schlucht, in der Louis und Mary Leakey die Überreste des *Australopithecus bosei* fanden, eines entfernten Vorfahren des Menschen, der vor 1,8 Millionen Jahren gelebt haben soll.

„Die Wiege der Menschheit" wird dieses Gebiet heute genannt. Es ist voll von versteinerten Fußspuren, Überresten von uraltem Werkzeug und Knochen prähistorischer Arten.

Große Gnu-Herden ziehen von Dezember bis März durch den Serengeti-Nationalpark, in dem das Ngorongoro-Schutzgebiet liegt. Die Zeit des Kalbens beginnt im Januar und lockt hungrige Löwen, Geparde und Hyänen an.

Wie die Gnus gehen auch sie zu den Wasserstellen – das Durstlöschen ist für Muttertiere und Kälber extrem gefährlich. Die Massai, die seit Jahrtausenden in dieser Savanne Rinder züchten, nennen sie *siringitu*, „die endlose Ebene".

DAS GRÖSSTE WILD-SCHUTZGEBIET DER ERDE

Serengeti-Ebene: Heimat des tansanischen Serengeti-Nationalparks, des Ngorongoro-Schutzgebiets, des Maswa Game Reserve und des kenianischen Masai Mara Game Reserve
Lage: Tansania und Kenia, Ostafrika
Koordinaten: 02° 50′ 00″ S | 35° 00′ 00″ O

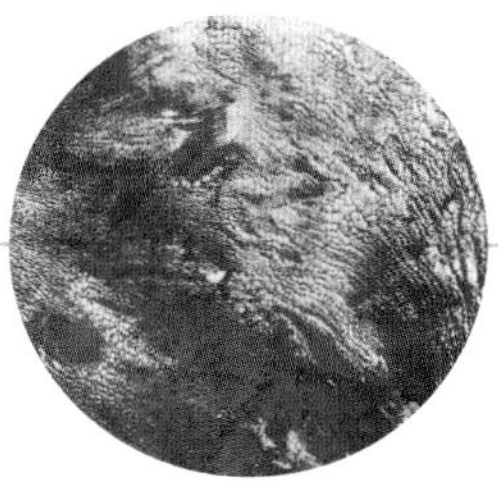

Die Serengeti-Ebene ist ein riesiges Ökosystem in Ostafrika, in dem Millionen von Gnus, Löwen, Gazellen, Leoparden, Zebras, Hyänen, Elefanten, Geparde, Nashörnern und Giraffen über das Grasland ziehen. Das 31 000 Quadratkilometer große Gebiet, eine riesige Savanne, die mit Bäumen und Sträuchern bedeckt ist, ist vielleicht das schönste Naturwunder Afrikas. Die Serengeti erstreckt sich vom Viktoriasee im Westen bis zu den Sodaseen des Ostafrikanischen Grabens im Osten und bis zu den Tiefen des Ngorongoro-Kraters im Süden. Der Puls des Lebens hängt hier von den Regenzeiten ab. Jedes Jahr im Juni führt die Trockenzeit zur spektakulärsten Wanderbewegung der Welt: Die Herden ziehen von der westlichen Serengeti zu den Flüssen im Norden. Sobald die Regenfälle einsetzen, wandern die Tiere nach Südosten, um zu kalben. Dann ziehen sie wieder nach Westen – der Kreislauf der Natur beginnt von Neuem. Das Land selbst wechselt seine Farbe im Lauf des Jahres von schillerndem Grün zu staubigen Ocker- und Brauntönen.

Der Name Serengeti kommt von *siringitu*, ein Wort der Massai, das „die endlose Ebene" bedeutet. In dem Gebiet, das ungefähr so groß ist wie Nordirland, leben drei Millionen Großtiere. Es ist ein wunderschöner Ort, aber die Lebensbedingungen dort sind hart. Pflanzen müssen heiße, trockene Standorte aushalten, die Tiere müssen sich mit Schwärmen blutsaugender Insekten arrangieren. Das Ökosystem zählt zu den ältesten der Erde. Die so genannte Wiege der Menschheit enthält zahlreiche Beweise von den ersten Schritten in der Evolution des Menschen.

George und Joy Adamson arbeiteten in der Serengeti, um Löwen auszuwildern. Ihre Geschichte ist aus Büchern und Filmen bekannt wie „Born Free" über die Löwin Elsa. Zum Verhängnis wurde ihnen aber das Raubtier Mensch: Joy wurde 1980 von einem ehemaligen Angestellten getötet, George 1989 von Wilderern.

DAS STÄRKSTE ERDBEBEN DER ERDE

Valdivia, 22. Mai 1960
Lage: vor der Südküste Chiles
Stärke: 9,5
Koordinaten: 39° 48′ 00″ S | 73° 14′ 00″ W

Jedes Jahr ereignen sich auf der Erde mehr als eine halbe Million Erdbeben. Davon werden nur 100 000 von Menschen wahrgenommen. 100 davon zerstören Eigentum und kosten Leben.

Die seismischen Wellen und Erschütterungen eines Erdbebens entstehen durch die ungeheure Menge an Energie, die frei wird, wenn tiefliegende Felsen brechen oder sich unter Druck verschieben. Das geschieht vor allem an Verwerfungen oder Brüchen in der Erdkruste, meist in Tiefen von weniger als 80 Kilometern unter der Erdoberfläche. Die seismischen Wellen eines Erdbebens breiten sich rasch in alle Richtungen aus. Die meisten Erdbeben kommen entlang der Grenzen von ozeanischen und kontinentalen Platten vor, ausgelöst durch den weltumspannenden Prozess der Plattentektonik. Die Plattengrenzen sind ebenfalls für die Entstehung von Verwerfungen, Grabenbrüchen und Vulkanen verantwortlich.

Schon 350 v. Chr. untersuchte der griechische Philosoph Aristoteles Erdbeben. Man wird nie erfahren, welches das größte Erdbeben in der Frühgeschichte war, aber die größte gemessene Erschütterung der Neuzeit ereignete sich am 22. Mai 1960 in Chile. Die Stärke des Bebens betrug 9,5 auf der Richterskala, das Epizentrum lag 60 Meter unter dem Boden des Pazifischen Ozeans, 160 Kilometer vor der Südküste Chiles. Die nahe gelegenen Städte Valdivia und Puerto Montt wurden dem Erdboden gleich gemacht; mehr als 2000 Menschen starben in Chile, Hawaii, Japan und auf den Philippinen – teils durch das Erdbeben, teils durch die von ihm ausgelöste Flutwelle (Tsunami). Insgesamt setzte dieses Beben mehr Energie frei als der größte Atombombentest der Welt.

Das zweitstärkste Beben im 20. Jahrhundert traf den Prince William Sound in Alaska am Karfreitag, dem 28. März 1964. Das Erdbeben erreichte die Stärke 9,2 auf der Richterskala und dauerte drei Minuten – eine außergewöhnlich lange Zeit, die meisten Beben dauern weniger als eine Minute. Es tötete 125 Menschen, löste Erdrutsche aus und einen Tsunami, der auf Hawaii prallte. Angeblich wurde auch die Stadt Anchorage in Alaska um einen Meter nach Süden verschoben. Alaska ist eine Region, an der die Erde auseinander driftet. Dort ereignen sich pro Jahr im Durchschnitt 5000 Erdbeben mit einer Stärke von mindestens 3,5. Drei der zehn stärksten je gemessenen Erdbeben der Welt fanden hier statt.

DAS TÖDLICHSTE ERDBEBEN DER ERDE

28. Juli 1976
Lage: Tientsin (Tianjin), China
Stärke: 7,8
Koordinaten: 39° 08′ 32″ N | 117° 10′ 36″ O

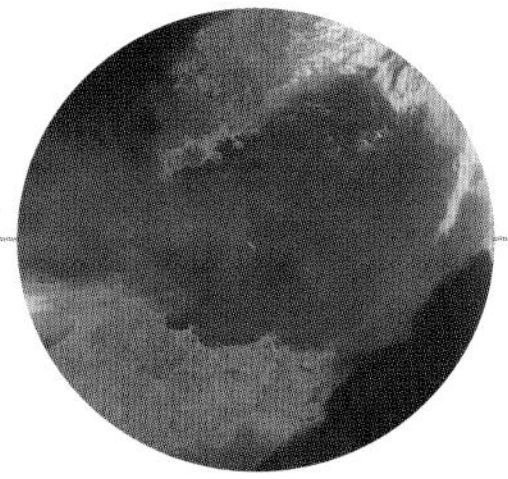

Die Stärke eines Erdbebens ist eine direkt messbare Größe für dessen Intensität. Schwerer zu messen ist dagegen die Zerstörung, die ein Erdbeben verursacht – wie viele Leben es kostet, wie viel Besitz es zerstört. Das wiederum hängt nicht nur von der Stärke des Erdbebens ab, sondern auch von der Lage des Epizentrums, von der Struktur des Untergrunds, der Bauweise der Häuser und der Siedlungsdichte der Menschen.

Am Morgen des 28. Juli 1976, um 3.41 Uhr, traf ein Erdstoß der Stärke 7,8 die schlafende Stadt Tientsin in China. Das Beben entfaltete eine gewaltige Zerstörungskraft. Mindestens ein Viertel der eine Million Einwohner von Tientsin, einem Industrie- und Bergbauzentrum 160 Kilometer östlich von Peking, wurde ausgelöscht. Die offiziell von der chinesischen Regierung veröffentlichte Zahl lautete 255 000, nach inoffiziellen Schätzungen lag die Todesrate aber bei 655 000. Und das war nur im 20. Jahrhundert das schlimmste Erdbeben in China. Am 23. Januar 1556 erschütterte ein gewaltiger Stoß Huaxian in der Provinz Shaanxi. Die meisten Menschen lebten dort damals in Höhlen, die einstürzten. Ungefähr 830 000 Menschen wurden getötet. Ein noch schlimmerer Erdstoß erschütterte den Ort Syria in Nordägypten am 2. Juli 1201. Er forderte das Leben von schätzungsweise 1,1 Millionen Menschen.

«Am Morgen nach dem Erdbeben lernen wir Geologie anhand grässlicher Diagramme von gespaltenen Bergen, emporgehobenen Ebenen und dem trockenen Grund der See.»

Ralph Waldo Emerson

Die Stadt Yalova, an der Südostküste des Marmarameers in der Türkei, war ein beliebter Ausflugsort, um dem Lärm Istanbuls zu entfliehen – bis am 17. August 1999, morgens um 3.02 Uhr, ein Erdbeben der Stärke 7,2 das seismisch empfindliche Gebiet traf und 9000 der 60 000 Einwohner tötete.

DER GRÖSSTE AUFPRALL DER KONTINENTE

Hindukusch
Lage: Zentralasien
Koordinaten: 35° 00′ 00″ N | 71° 00′ 00″ O

Der Name Hindukusch für das Hauptgebirge Afghanistans heißt übersetzt „Hindu-Killer". Der Name könnte nicht treffender sein für eine Bergkette an der Grenze zwischen Eurasischer und Indo-Australischer Platte – einer Zone, in der es zur größten Kollision kontinentaler Platten kommt.

Die von Gletschern bedeckten, unfruchtbaren Gipfel im östlichen Teil Afghanistans erreichen Höhen von mehr als 7000 Metern und ziehen sich über 950 Kilometer hin. Sie bilden eine Wasserscheide zwischen dem Tal des Indus nach Südosten und dem Tal des Amudarja nach Nordwesten. Der Hindukusch ist die westlichste Ausdehnung des Pamir- und Karakorumgebirges sowie des Himalaya. Erdbeben sind hier an der Tagesordnung – jedes Jahr ereignen sich wenigstens vier kräftige Erschütterungen. Die seismische Aktivität entsteht dadurch, dass der indische Subkontinent Richtung Norden driftet und mit dem eurasischen Kontinent kollidiert. Das führt zur Hebung des Himalaya und des Tibetischen Hochplateaus. Die beiden Platten nähern sich um 4,4 Zentimeter pro Jahr an. Das reicht für einen Aufprall, der den mächtigen Himalaya um fünf Millimeter anhebt.

Der Hindukusch war Schauplatz großer historischer Ereignisse. Schon Alexander der Große und Dschingis Khan überquerten seine gefährlichen, hoch gelegenen Pässe. Im 16. Jahrhundert drang Babur von dort nach Indien ein, wo er später die Moguldynastie begründete. Dieselben Routen, die zu Kriegszeiten strategisch wichtig waren, wurden später zu den meistbenutzten Handelsrouten für Karawanen, zum Teil bis heute. In der Vergangenheit war der Khyberpass die Schlüsselroute, aber der wichtigste aller Pässe ist heute der 3878 Meter hohe Kotal-e-Salang-Pass, der Kabul und das südliche Afghanistan mit dem nördlichen Afghanistan verbindet. Diese Route war bei den jüngsten militärischen Konflikten entscheidend, wie die mit Schlaglöchern übersäten Straßen und zerbombten Brücken zeigen.

Sebastian Junger

HINDUKUSCH

Es gibt etwas am Stellenwert des Menschen im Universum, das wir nicht verstehen können, bevor wir an Orten waren, an denen Menschen allein nicht überleben können – wie etwa in den Bergen des Hindukusch in Afghanistan. Ich war dort im Jahr 2000 mit der Nordallianz und im Herbst 2001, als die Nordallianz Kabul einnahm. Es ist der geographisch abgelegenste Platz, den ich je besucht habe. Zunächst flogen wir mit einem alten sowjetischen Hubschrauber kilometerweit über unberührte Berge. Würde man hier ausgesetzt, hätte man keine Chance zurückzufinden. Wegen des Kriegs mit den Taliban war das Gebiet obendrein militärisch und politisch isoliert. Wir waren wirklich *in the middle of nowhere*. Es gab nichts als felsige, zerklüftete, nackte Berge – nicht einmal Kiefern wie in den Alpen, sondern nur zackige, spektakuläre Gipfel mit wundervollen Flüssen, die durch das Panjshirtal und weiter in die Somali-Ebene fließen.

An Plätzen von atemberaubender Schönheit fühlt sich der Mensch winzig angesichts der Unendlichkeit von Raum und Zeit. Sobald wir vergessen, dass wir unbedeutende Ameisen auf dem Planeten sind, verlieren wir unsere alte Verbindung zum Universum und zur Erde. Doch tief in unserer Seele schlummert immer noch ein Rest von Bewusstsein über unsere Verletzlichkeit. Wir konnten uns nur mit dem Wissen, klein zu sein, weiterentwickeln. Hätten wir uns für allmächtig gehalten, wären wir in Schwierigkeiten geraten, die Natur hätte uns in kürzester Zeit ausgelöscht.

Das alles empfindet man in den Bergen Afghanistans viel deutlicher, als wenn man durch die Schluchten der Fifth Avenue läuft. In der Zivilisation unterliegen wir dem Trugschluss, dass die Welt nach menschlichen Maßstäben funktioniert, aber dem ist nicht so. Das Universum ist etwa 12,5 Milliarden Jahre alt – und wie alt sind wir?

DER GRÖSSTE ERDRUTSCH DER ERDE

Mount St. Helens
Lage: Cascade Range, im Südwesten des US-Bundesstaats Washington
Koordinaten: 45° 55′ 43″ N | 122° 22′ 44″ W

Er war nach 1857 nicht mehr ausgebrochen, sein schneebedeckter Gipfel ein Bild ruhender Schönheit. Der Mount St. Helens in der Cascade Range in den Vereinigten Staaten wurde gern von Wanderern besucht. Sie kannten den 2950 Meter hohen Gipfel gut – zumindest glaubten sie das.

Doch am 27. März 1980 begann der Berg mit einer gewaltigen Gaseruption auseinander zu brechen. Magma stieg aus dem Schlot des Mount St. Helens, Spalten durchzogen seine Hänge. Am 18. Mai 1980 löste ein Erdbeben der Stärke 5,1 am Nordhang des Bergs einen Erdrutsch aus. Der Hang rutschte wie eine Lawine ab. Daraufhin folgte eine Explosion, die eine Wolke aus extrem heißer Asche, Steinen und giftigen Gasen ausstieß, die mehr als 20 Kilometer weit trieb. Schlamm- und Steinlawinen folgten und begruben die Flusstäler östlich des Bergs noch in 27 Kilometer Entfernung unter Schuttmassen.

Dieser größte bekundete Erdrutsch der Welt setzte 2,8 Milliarden Kubikmeter Gestein und Schlamm frei und zerstörte mehr als 259 Quadratkilometer Wald. Der erste Ausbruch und der Erdrutsch forderten zusammen 66 Menschenleben. Ein zweiter Ausbruch ereignete sich eine Woche später am 25. Mai, und nach fast einem Jahr folgte noch eine dritte Eruption. So verursachte der Mount St. Helens eine dreifache Katastrophe – Ausbruch, Erdbeben und Erdrutsch – wodurch sein Vulkankegel weggesprengt wurde. Heute befindet sich an Stelle seines Gipfels ein hufeisenförmiger Krater mit einer Tiefe von 750 Metern. Sein Rand liegt auf 2550 Meter Höhe.

Eine Schlammlawine stürzt am Mount St. Helens hinab – kurz vor seinem vernichtenden Ausbruch 1980.

DIE GEFÄHRLICHSTEN LAWINENGEBIETE DER ERDE

Europa: Schweizer und Italienische Alpen
Westen der USA und Kanada: Rocky Mountains, Cascades
Südamerika: Anden
Asien: Himalaya
Neuseeland: Südalpen
Koordinaten: weitläufig

Eine Lawine besteht meist aus einer großen Menge von Schnee, Eis, Felsen und anderen Materialien, die an einem Berghang oder einer Klippe nach unten rutschen. Die überwältigende Flut von Material ist eine natürliche, oft jahreszeitlich bedingte Form der Erosion, die durch Vulkanausbrüche, Erdbeben, schwere Regenfälle oder von Menschen ausgelöst werden kann. Sowohl die Druckwelle (die Luft wird vor der Lawine hergetrieben) als auch die Masse der Lawine wirken zerstörerisch.

Die bekannteste Form der Lawine ist die Schneelawine, die ausgelöst wird, wenn eine instabile Schneeschicht an einem Hang abbricht. Gerät der Schnee in Bewegung, wird er immer schneller. Seine Masse nimmt zu, und schließlich rast er wie ein wilder Fluss zu Tal, mit einer Geschwindigkeit, die bis zu 300 Kilometer pro Stunde erreichen kann. Es gibt zwei Grundtypen von Schneelawinen: die weniger zerstörerische Form aus losem, pulvrigem Schnee und die sehr gefährliche Form, wenn eine feste Schneeschicht von einem weicheren Untergrund abbricht. So eine „Schneebrett-Lawine" kann mehr als zehn Meter dick sein und hundertmal so viel Schnee mit sich reißen, wenn sie an Geschwindigkeit zulegt. Das sind wahre Killer-Lawinen.

Hundertausende solcher Lawinen lösen sich jedes Jahr in den Schweizer Alpen, in Italien, im Himalaya, in Japan, Neuseeland, Kanada und den westlichen USA. Zu den historisch berühmten Lawinen gehört die, die im Jahr 218 v. Chr. den karthagischen Feldherrn Hannibal und seine Truppen einschloss, als sie die Italienischen Alpen überqueren wollten, um Rom zu erobern. Sie tötete rund 18 000 Soldaten, 2000 Pferde und viele Elefanten. Die größte dokumentierte Lawine stürzte 1962 vom Huascarán in Peru zu Tal – ausgelöst durch ein Erdbeben. Innerhalb von nur drei Minuten riss sie 50 Millionen Kubikmeter Eis, Felsen, Gletscherschutt und Wasser den Andenberg hinab und tötete 18 000 Menschen.

Die meisten Lawinenopfer sind mit rund 100 Toten im Jahr in den Schweizer Alpen zu beklagen. Die meisten Menschen liegen nur ein bis zwei Meter unter der Schneeschicht. Sie können sich jedoch nur selten selbst befreien, weil der Lawinenschnee so stark komprimiert ist. 20 Prozent sterben sofort; die Übrigen müssen in kürzester Zeit ausgegraben werden, damit sie überleben. Wird das Opfer innerhalb von 15 Minuten gefunden (so lange reicht gewöhnlich der Luftvorrat), hat es eine Überlebenschance von 92 Prozent; nach 35 Minuten sind es nur noch 30 Prozent.

Bei der Suche nach Lawinenopfern wurden alle erdenklichen technischen Hilfsmittel ausprobiert – aber am erfolgreichsten sind nach wie vor Hunde.

DIE GRÖSSTE NATÜRLICHE BRÜCKE DER ERDE

Rainbow Bridge
Lage: Lake Powell, Utah, USA
Größe: 82,3 m lang | 13 m dick | 10 m breit
Koordinaten: 37° 04′ 39″ N | 110° 57′ 49″ W

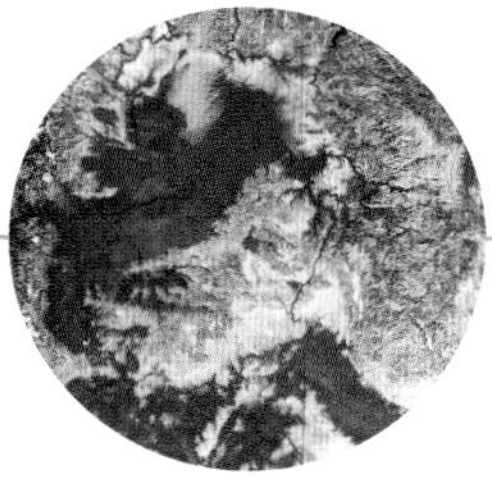

Jahrhundertelang wurde die Rainbow Bridge von Indianern als Heiligtum verehrt. Sie liegt versteckt in den zerklüfteten Canyons am Fuße des Navajo Mountain im Colorado-Plateau. Von ihrer Basis bis zum Bogen erhebt sich die Rainbow Bridge 88,4 Meter und bildet den höchsten natürlichen Bogen der Welt. Sie besteht aus Felsschichten, insbesondere dem Navajo-Sandstein, der Hunderte von Millionen von Jahren alt ist. Es ist leicht, sich diesen Bogen als Brücke vorzustellen. Er wurde durch einen uralten Fluss gebildet, der in den Colorado mündete und einige der weicheren Sedimentgesteine erodierte.

Am 30. Mai 1910 schuf der US-Präsident William Howard Taft das Rainbow Bridge National Monument, um diesen Schatz der Natur zu bewahren, «dessen Form an einen Regenbogen erinnert und der als Beispiel für die außergewöhnliche Erosion durch einen Fluss von großem wissenschaftlichen Interesse ist.» Als Theodore Roosevelt das Monument 1913 besuchte, bemerkte er, dass zwar ein Pfad unten durch führte, die Navajos aber außen herum ritten. «Diese großartige natürliche Brücke, die von den Weißen erst kürzlich entdeckt wurde, ist den Indianern seit Urzeiten bekannt», schrieb Roosevelt. «Ihr Glaube verbot ihnen, unter einem Bogen hindurchzugehen.»

Heute lockt die Rainbow Bridge etwa 300 000 Besucher im Jahr an, zum Leidwesen der Navajo, die an ihrem heiligen Platz bis heute religiöse Zeremonien abhalten.

«Ihr Glaube verbot den Indianern, unter einem Bogen hindurchzugehen.»

Theodore Roosevelt

DIE FREMDARTIGSTE EINÖDE DER ERDE

Bisti Badlands
Lage: New Mexico, USA
Koordinaten: 36° 49′ 37″ N | 108° 00′ 31″ W

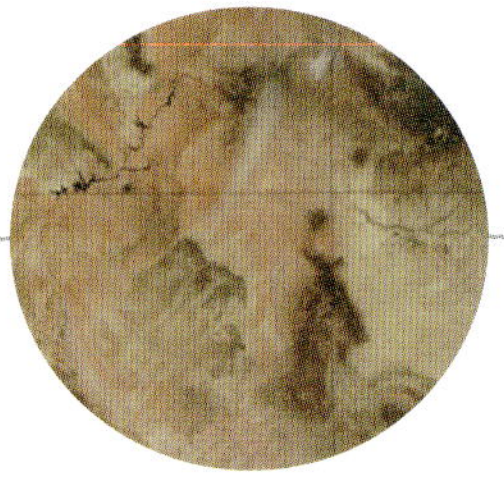

Die Bisti Badlands sind eine selten besuchte, größtenteils unbekannte und surreale Landschaft aus Hügeln und erodierten Felsen. Die Bisti/De-Na-Zin Wilderness liegt in der abgelegenen nordwestlichen Ecke von New Mexiko, im Südwesten des Colorado-Plateaus. Die nächste Stadt ist Aztec, etwa eine Autostunde entfernt. Kein Wegweiser führt von den benachbarten Städten hierher, keine ausgetretenen Pfade leiten den Wanderer durch diese Wildnis, die knapp einen Quadratkilometer umfasst. Trotz seiner geringen Größe ist Bisti (das Navajo-Wort für „ödes Land") eine erstaunliche Ansammlung von Sedimentformationen, Schichten von Sandstein, Schiefer, Treibsand und Kohle; außerdem gibt es Stämme versteinerter Bäume, die vor Millionen von Jahren in das alte Flusstal geschwemmt wurden.

Die Lehmhügel dieser labyrinthischen Landschaft, deren Farbpalette von Braun über Rosa zu Rot reicht, wurden durch Wind und Regen zu fantastischen Figuren geformt, zu winzigen Höhlen, Spalten und Sedimentschichten. Die Gegend ist mit Felsblöcken, „Unglücksboten" (Sandsteinsockel, die von Schieferplatten bedeckt sind) und pilzförmigen Felsen geschmückt, die wie Wegweiser in eine andere Welt aussehen. Mit der Zeit legte die Erosion auch die Spuren und Knochen von Dinosauriern frei.

Vor 70 Millionen Jahren war Bisti ein küstennaher Regenwald mit Nadelbäumen, Palmen und anderen Pflanzen. Dinosaurier, kleine Reptilien und Säugetiere wanderten darin umher. Schließlich zog sich das Meer zurück. Die Rocky Mountains falteten sich im Norden und Osten auf und veränderten die Richtung des Wasserabflusses. Der Regenwald wurde von Sediment begraben, Pflanzen und Tiere versteinerten und verdichteten sich zu Sandstein und Schiefer. Die Erosion ließ die Sedimente wieder verschwinden und enthüllte einen alten Regenwald – zu Stein erstarrt.

DER GRÖSSTE PILZFELSEN DER ERDE

Red Sea Desert
Lage: Israel
Koordinaten: 29° 31′ 00″ N | 34° 56′ 00′ O

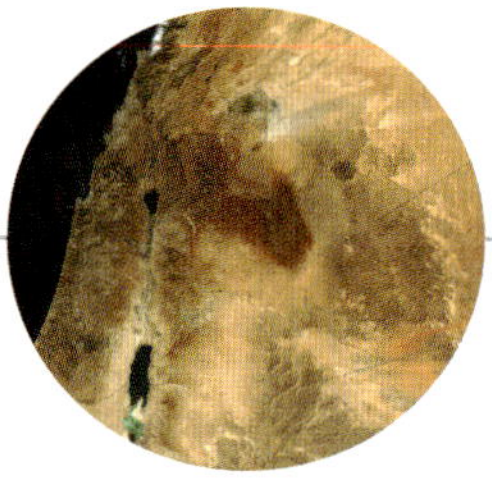

Pilzfelsen sind tonnenschwere Sandsteinpodeste, die über einem erodierten Tal aufragen. Diese einzigartigen Felssäulen kommen entlang der Küsten von urzeitlichen Meeren vor. Mit der Zeit hat das sie umströmende Wasser Lehmpartikel zwischen den Sandkörnern abgelagert und sie dadurch zu härteren Sandsteingebilden verfestigt, die man Konkretionen nennt. Die Erosion durch Wind und Wasser kann diesen Sandsteinkonkretionen nichts anhaben, doch sie schleift den weicheren Sandstein, der den Stiel eines Pilzfelsens ausmacht, stärker als den Hut. Das Ergebnis ist ein auf den Kopf gestellter Felsenturm, der die Schwerkraft zu widerlegen scheint.

Wie kann ein schwerer Felshut auf einem schmalen, erodierten Sandsteinstiel die Balance halten? Die richtige Frage heißt allerdings nicht *wie*, sondern *wie lange?* Pilzfelsen führen ein unsicheres Dasein, und nach Millionen von Jahren kommen sie vielleicht zu Fall.

Der höchste Pilzfelsen der Welt (rechte Seite) erhebt sich neun Meter hoch in der Red Sea Desert, nicht weit von Eilat in Israel entfernt. Er befindet sich im Naturreservat Timna Park. Seine Sandstein-Felsspitze ist eine glänzende, golden getönte Säule in einem trockenen Wüstental mit schroffen Steilhängen und staubigen Schluchten. Zwei Meter hohe Kalksteintürme erheben sich auch im Westen Australiens, in Arizona und an anderen Orten der Welt. Der Mushroom Rock State Park in Kansas, USA, beherbergt eine Hand voll dieser seltsamen Gebilde, die 100 Millionen Jahre alt sind.

Vielleicht trifft man hier nicht auf die Raupe aus «Alice im Wunderland», die auf einem Pilzfelsen sitzt und ihre *Huka* (indische Wasserpfeife) raucht, aber seltsame alte Sandsteinformationen wie diese inspirieren zu merkwürdigen Assoziationen: Tiere, Gesichter, Gebäude, Menschen – ein Betrachter sah sogar ein kniendes Kamel.

Wie eine stumme und geheimnisvolle Versammlung wirken die Pinnacles im Nambung National Park in

Westaustralien. In Wirklichkeit sind sie die Kalksteinstümpfe uralter, versteinerter Bäume.

DAS ÄLTESTE FOSSIL DER ERDE

Warrawoona-Gruppe
Lage: Westaustralien
Koordinaten: 21° 00′ 00″ S | 119° 30° 00″ O

Wann gab es das erste Leben auf der Erde? Diese Frage hält Wissenschaftler dazu an, neue Messsysteme zu entwickeln und Isotopen-Tests an alten Felsformationen durchzuführen – auf der Suche nach den ältesten Fossilien der Welt. Bis jetzt haben diese Tests drei miteinander konkurrierende wissenschaftliche Theorien hervorgebracht. Erster Anwärter auf das älteste Fossil ist das 3,46 Milliarden Jahre alte so genannte *Apex chert*-Gestein in Westaustralien (es gehört zur Warrawoona-Gruppe in der östlichen Pilbara, nahe Marble Bar). Es ist bedeutend, weil es Art und Alter der Biosphäre enthüllt. Der zweite Bewerber als ältestes Fossil sind die Quarz-Pyroxene-Felsformationen von Akilia im Südwesten Grönlands, die 3,85 Milliarden Jahre alte Mikrofossilien enthalten sollen. Und schließlich könnte der beste Beweis für das früheste Leben auf der Erde in einem Tiefsee-Sediment im grönländischen Grünstein-Gürtel von Isua enthalten sein, der 3,7 bis 3,8 Milliarden Jahre alt ist.

Das versteinerte organische Material, nach dem die Wissenschaftler suchen, nennt man Stromatoliten (Cyanobakterien, auch Blaugrün-Algen genannt), die man heute noch in Salzseen oder heißen Quellen findet, die aber einst viel weiter verbreitet waren. Diese winzigen Bakterien wurden in Sedimentschichten eingeschlossen, manchmal in kleiner Zahl, manchmal im Überfluss, und sehen aus wie verzweigte, moderne Korallen. Stromatoliten gab es schon, bevor sich die Kontinente der Erde formten und fast drei Milliarden Jahre bevor die ersten wirbellosen Tiere – Seefedern und Quallen – entstanden.

Trilobiten, Fische, Wälder, Dinosaurier und Säugetiere folgten. Die ersten Vorfahren des Menschen tauchten vor etwa drei Millionen Jahren auf, doch der moderne Mensch (*Homo sapiens*) erschien erst vor 100 000 Jahren. In der 4,5 Milliarden Jahre währenden Erdgeschichte existieren Menschen also gerade erst einen Augenblick.

Der Strand von Shark Bay, Westaustralien: Für die Erforschung von Stromatoliten (fossilen Cyanobakterien) befindet sich hier eine der wichtigsten Regionen der Welt. Auf dem Foto sieht man die Sedimente, worin die Stromatoliten eingeschlossen sind. Die NASA sucht ebenfalls nach Stromatoliten-Spuren – auf dem Mars

DIE SELTSAMSTEN SANDSTEINFORMATIONEN DER ERDE

Kappadokien
Lage: Türkei
Koordinaten: 38° 55′ 00″ N | 34° 40′ 00″ O

Vor Millionen von Jahren brachen riesige Vulkane auf dem Inneranatolischen Hochland aus und bedeckten das Land mit Asche und Lava. Sie schufen tiefe Täler, die von steilen Klippen gesäumt wurden. Über die Jahrtausende hinweg härtete das vulkanische Material zu festem Gestein aus, ebenso langsam formten Erosionskräfte wie Wind und Wasser diese Felsen zu Kegeln.

Das Interessanteste an den Formationen sind zauberhafte Kamine mit Hüten. Diese Türme haben einen kegelförmigen Körper, der aus porösem Tuffgestein und vulkanischer Asche besteht, und sind von einem Felsblock aus hartem Gestein gekrönt. In Kappadokien findet man viele Arten dieser Schlote sowie pilzförmige Türme, Säulen und spitze Felsinseln. Mehr als 1000 Jahre lang haben die Bewohner der Region diese Kegel ausgehöhlt und daraus Häuser, Vorratsräume und Kirchen geschaffen. Im Sommer, wenn die drückende Hitze das umliegende Land verbrennt, bleibt die Temperatur im Innern der Höhlen kühl.

Die Region war schon vor der Zeit von Julius Cäsar ein Handelszentrum. Als Rom das Gebiet 17 n. Chr. annektierte, wurde Pferdezucht zu einem profitablen Geschäft. Kappadokien bedeutet in der alten hethitischen Sprache „Land der schönen Pferde". Das felsige Land bot im 2. Jahrhundert verfolgten Christen eine Zuflucht. In den Höhlenkirchen, die von Mönchen geschaffen und kunstvoll ausgemalt wurden, finden bis heute Gottesdienste statt.

Im Zelvetal in Zentralanatolien lebten bis vor kurzem Menschen, die den weichen Stein mit Kammern aushöhlten.
Es gibt dort sogar zwei heilige Enklaven: die Fisch- und die Trauben-Kirche. Anderswo in dieser erstaunlichen

Region, in Asikli Höyük, fand man Werkzeuge und religiöse Objekte aus der Jungsteinzeit sowie das Skelett einer etwa 25-jährigen Frau, das als ältester Beleg für eine Schädeloperation gilt.

DIE KALZIUMKARBONATREICHSTEN PLÄTZE DER ERDE

Mono Lake, Kalifornien, USA
Koordinaten: 37° 19′ 36″ N | 119° 01′ 00″ W

Mammoth Hot Springs, Yellowstone-Nationalpark, USA
Koordinaten: 44° 46′ 00″ N | 110° 14′ 00″ W

Pamukkale (Hierapolis), Türkei
Koordinaten: 37° 54′ 57″ N | 29° 06′ 46″ O

Der Mono Lake in Kalifornien ist zwischen ein bis drei Millionen Jahre alt und damit einer der ältesten beständig existierenden Seen in Nordamerika. Zwar wird er von fünf Flüssen gespeist, doch er hat keinen Abfluss. So erreichen die Salze und Mineralien hohe Konzentrationen. Die Verdunstung steigert die extremen Salzkonzentrationen des Sees noch. Er ist drei Mal so salzig wie der Pazifische Ozean und tausend Mal alkalischer als Süßwasser. Die einzigen Lebensformen, die es darin aushalten, sind Salinenkrebschen, Bakterien und Alkalifliegen, die die Nahrungsgrundlage für Millionen von Zugvögeln bilden.

Doch das bemerkenswerteste Kennzeichen des Mono Lake sind die Tufftürme, ungewöhnliche Felsformationen an seinem Ufer und unter der Wasseroberfläche. Diese turm- und pilzförmigen Gebilde entstehen, wenn unterirdische kalkhaltige Süßwasserquellen durch den Seeboden sprudeln und auf das karbonatreiche Seewasser treffen. Aus dieser Mischung entsteht Kalziumkarbonat, ein weißes Kalkgestein, das sich um die Quellen ablagert. Mit der Zeit wächst es zu erstaunlichen Felstürmen, von denen manche mehr als zehn Meter hoch werden. Sinkt der Wasserspiegel, sind die Türme zu sehen.

Tief unter den Mammoth Hot Springs im Yellowstone-Nationalpark in Wyoming heizen brodelnde Magmakammern das Grundwasser auf, so dass es durch Spalten spritzt und emporsprudelt. Das Quellwasser ist reich an Kalziumkarbonat – es stammt aus den umgebenden Kalksedimenten, die den Felsuntergrund der Region bilden. Sind sie der Luft ausgesetzt, härten die Mineralien aus. Der Travertin, der die weißen Kalkterrassen bildet, verleiht dem Ort ein spektakuläres Aussehen von überschäumenden Champagnerflöten.

In einem grünen Tal in der Türkei, vor den hohen Bergen entlang des Flusses Büyük Menderes, ließ eine ähnliche chemische Reaktion die berühmten Sinterterrassen von Pamukkale (dem antiken Hierapolis) entstehen. In der schneeweißen Märchenland-schaft fließen kalziumreiche Thermalwässer über die Klippe des Plateaus und lassen eine fantastische Formation von Stalaktiten, Katarakten und Becken entstehen.

Hierapolis, wie Pamukkale in alten Zeiten hieß, beherbergt noch viele römische Tempel, Theater, byzantinische Kirchen und Basiliken. Sein heutiger Name – übersetzt Baumwollburg – huldigt dem Naturwunder der Sinterterrassen.

Als wäre ein schlafender Häuptling, umringt von tapferen Wächtern und Frauen, zu einer natürlichen Skulptur versteinert ... Sie wären wahrscheinlich vom Indianerstamm der Mono Lake Paiutes, die hier jahrhundertelang von

den Gaben des Sees lebten. Als die Stadt Los Angeles aus den Flüssen der Umgebung Wasser für die Trockengebiete Südkaliforniens abzapfte, versalzte der Mono Lake. Die Indianer mussten ihre traditionelle Lebensweise ändern.

Sara Wheeler

FEUERLAND

Das Feuerland-Archipel bildet das äußerste Anhängsel von Südamerika, vom chilenischen und argentinischen Festland durch die von Eisschollen übersäte Magellanstraße getrennt. Die Grenze der beiden Länder zieht sich senkrecht durch die größte Insel, wie eine mit dem Lineal gezogene Linie. Dies ist das Ende der Welt, eine düstere Gegend, wo die Krümmung der Erdkugel steil nach unten abzufallen scheint.

Vor ein paar Jahren, kurz bevor ich 30 wurde, befand ich mich einsam und verlassen in Puerto Williams auf der Insel Navarino, dem südlichsten ständig besiedelten Flecken der Erde. Es war das Ende einer sechsmonatigen Reise durch Chile. Ich hatte eine großartige Zeit hinter mir, mein Herz war erfüllt, und ich wollte unbedingt nach Feuerland, an den Platz, an dem die Welt zu Ende war. Was könnte verlockender sein?

Das Land wurde 1520 von dem Seefahrer Fernando Magellan entdeckt. Er stand an Deck seines knirschenden Holzschiffs und nannte das, was er sah „Rauchland" – nach dem Rauch, der von den Feuerstellen der Eingeborenen aufstieg. Als er zurückgekehrt war, verkündete sein Gönner Karl V. von Spanien, er wolle diesen Ort lieber Feuerland nennen, vermutlich, weil es ohne Feuer keinen Rauch gibt. Niemand wusste, dass Feuerland ein Archipel war. Das fand erst Francis Drake heraus, als er sich 50 Jahre später mit seinem eigenen kleinen Schiff zwischen den Eisbergen hindurchdrängte.

Navarino gehört heute zu Chile, und Williams ist nur ein Dorf. Die Siedlung wurde nach John Williams benannt, dem aus Bristol stammenden Kapitän der „Ancud" – so hieß das Schiff, mit dem er 1843 die Magellanstraße für Chile in Besitz nahm. Ich komme auch aus Bristol, deshalb fühlte ich mich zuhause. Aber Williams war ein Ort, an dem nichts passierte. Die niedrigen Häuser mit ihren Wellblechdächern waren durch dreckige, von Pfützen übersäte Pfade voneinander getrennt. Es ist ein rauer, kalter Platz: bedrängt von drei Ozeanen, dem Atlantik im Osten, dem Pazifik im Westen und dem Südpolarmeer im Süden. Die westlichen Teile sind den ungeheuren Regenfällen besonders ausgesetzt. Sogar im Sommer liegt die Durchschnittstemperatur gerade einmal bei 11 Grad, und immer bläst der Wind.

Eines Tages fuhr ich in einem vorsintflutlichen Lastwagen mit, um Holz zu einer Polizeistation am westlichsten Zipfel der Insel zu bringen. Wir fuhren kilometerweit durch einen Südbuchenwald, dessen Bäume gerade ihr Laub verloren. Die silbrigen Stämme waren von blassgelben Flechten bedeckt. Aus Schlammlöchern drang der metallische Geruch von weißen mineralischen Ablagerungen in die ungeheizte Fahrzeugkabine.

Die Station bestand aus einer Hütte auf einer Lichtung, die sich bis zur Küste hinunterzog. Es war ein seltsamer Platz für eine Polizeistation, aber Navarino liegt direkt unterhalb des argentinischen Staatsgebiets, nur durch einen 19 Kilometer breiten Streifen davon getrennt. Da zwischen beiden Ländern ständig Spannungen herrschen, haben die Chilenen ein Auge darauf, dass nicht etwa eine marodierende Flotte in ihre Gewässer eindringt und Navarino für Argentinien beansprucht. Die Station war von drei unbewaffneten, untrainierten Männern besetzt. Man konnte sich kaum vorstellen, was sie in so einem Fall unternehmen würden. Aber über solche Details sorgte man sich hier nicht allzu viel.

Als der Nachmittag verstrichen war, und ich gerade gehen wollte, fragte mich der Polizeichef, ob es mir etwas ausmachen würde, noch zu bleiben. Mein Tagebucheintrag für diesen Tag lautet: «Wolken wie von Magritte gemalt, Biberburgen in den Torfmooren. Keine Zahnbürste. Ich muss bleiben. Was soll ich lesen?»

Die *carabineros* nahmen mich mit zum Pilzesammeln und erklärten mir, welche essbar waren. Wir brieten sie in Butter, zusammen mit einem orange leuchtenden, runden Pilz, den wir von den Buchen pflückten. Am frühen Morgen, als sich die weißen Gipfel der Cordillera Darwin rosarot färbten, patroullierten wir zu Pferd an den verlassenen Buchten des Beaglekanals in Richtung Südwesten.

Die Pferde stapften durch das Büschelgras und dampften in der kühlen Morgenluft. Eine Gruppe Enten rannte, nervös mit den Flügeln schlagend, über die Felsen. Die Polizisten zeigten mir, wo das Gras Haufen von Muscheln und Asche überwachsen hatte. Sie waren von den Yahgan-Indios zurückgelassen worden, die mit ihren Kanus aus Buchenrinde von Bucht zu Bucht paddelten, nach Schalentieren tauchten und Seehunde jagten. Ihr Name wurde von den Weißen abgewandelt, sie selbst nennen sich *yamana*, was „Menschen" bedeutet. Sie waren Nomaden und wanderten durch den Teil Feuerlands, der sich von der Península Brecknock bis Kap Hoorn erstreckt. Doch ihr Territorium wurde immer kleiner, weil sie von den Weißen verjagt wurden, bis es sich nur noch auf die Kanäle rund um die Insel Navarino beschränkte. Sie sprachen fünf unterschiedliche

Dialekte, die zusammen eine linguistische Gruppe bildeten, die mit keiner anderen verwandt war. Sie benutzten Verben, die mit einem einzigen Wort Dinge bezeichnen wie «unerwartet auf etwas Hartes beißen, während man etwas Weiches isst» (wie eine Perle in einer Auster). Aber sie hatten keine Wörter für Zahlen über drei: Nach drei hieß es einfach «vieles».

Die Yahgan wurden durch eingeschleppte Krankheiten der Weißen ausgerottet sowie von Europäischen Siedlern, die ihnen die Ohren abschnitten, um die Prämie zu kassieren, die für jeden toten Indianer ausgesetzt war. Der letzte Yahgan starb 1982.

Als wir durch die raschelnden Ginsterbüsche gingen, flogen fette Magellangänse vom Wasser auf und breiteten ihre weiß gestreiften Flügel aus. Nach Süden fielen die Berge zum Meer hin ab, die äußersten Ausläufer der längsten Bergkette der Welt – sie erstreckt sich fast 6900 Kilometer von der Karibik bis nach Kap Hoorn, wo sie im Wasser versinkt. Im dunstigen Licht des frühen Abends ritten wir auf Berge zu, die Dientes de Navarino genannt werden, eine leuchtende, ungleichmäßige Reihe niedriger Hügel. Um diese Zeit tobten die Polarwinde über den Ozean und brachten den Winter aus dem Süden.

Das war vor 15 Jahren. Ich bin zu Hause, sitze an meinem Tisch und starre aus einem Fenster, an das der Regen trommelt – in das gelbe Licht von Londons Straßenlaternen. Ich sehe die gespenstischen Umrisse der Buchenrinden-Kanus und Menschen, die von Wulaia zur Bahía de Douglas paddeln. Und ich blicke nicht nur auf eine Landschaft zurück, die ich sehr liebe. Gestrandet in einem anderen Leben, hier, wo die Wölbung der Erdkugel kaum wahrzunehmen ist, finde ich kaum die Hoffnungen und Träume der jungen Frau wieder, die ich einst war, dort unten in Feuerland.

2 LUFT

«Als wir uns dem Auge des Hurrikans näherten, stieg die Windgeschwindigkeit rasch auf 90, 110, 125 Knoten. Der Wind traf heulend auf die linke Seite des Flugzeugs, es begann zu rütteln. Windböen schleuderten die P-3 rauf und runter; der Regen spritzte wie aus einem Löschschlauch gegen die Fenster. Das Flugzeug wackelte so stark, dass die Ziffern auf den Instrumenten unlesbar wurden. Doch mitten im Chaos waren die Stimmen im Funkverkehr gelassen, schließlich ging es um Wissenschaft. Ein letzter Aufprall am inneren Rand des Auges war bis in den Bauch des Flugzeugs zu spüren ... und plötzlich war alles ruhig. Wir befanden uns im Auge selbst, der Blick war atemberaubend. Die uns umgebende Wolkenwand – wunderschön, bedrohlich, ehrfurchtgebietend – türmte sich Hunderte von Metern hoch und bog sich trichterförmig nach außen. Über uns leuchtete ein klarer blauer Himmel; unter uns tobte die See, von heulenden Winden bis zum Exzess gepeitscht.»

Commander Ron Philippsborn,
National Oceanic and Atmospheric Administration Corps, P-3 ‚Hurricane Hunter' Pilot

DAS GRÖSSTE OZONLOCH ÜBER DER ERDE

Gemessen am 3. September 2000
Lage: Stratosphäre über der Antarktis
Sich verändernde geographische Koordinaten

Das Ozonloch der Erde wurde zum ersten Mal 1985 bekannt. In den vergangenen Jahren hat es sich so ausgeweitet, dass es mittlerweile drei Mal so groß ist wie die USA. Am 3. September 2000 erfasste ein Spektrometer der Nasa dieses Ozonloch über der Antarktis: mit 28,3 Millionen Quadratkilometern war es etwa eine Million Quadratkilometer größer als zwei Jahre zuvor. Im Moment hat sich die Zunahme des Ozonlochs – die alljährlich im Frühjahr der Südhalbkugel am größten ist – zwar fast stabilisiert, aber das ist kein Grund zur Entwarnung.

Das meiste Ozon der Atmosphäre befindet sich in einer Schicht von 19 bis 30 Kilometern über der Erdoberfläche. Diese Schicht enthält hohe Konzentrationen des Ozons, eines Gases, das nur etwa ein Millionstel der Atmosphäre ausmacht, aber die ultraviolette Strahlung der Sonne effektiver absorbiert als jede andere Substanz. Ohne die Ozonschicht wäre das ultraviolette Licht auf unserem Planeten so stark, dass Menschen, Pflanzen und Tiere an Land nicht leben könnten.

Die große Bedrohung für die Ozonschicht sind chemische Gase, darunter vor allem die Fluorchlorkohlenwasserstoffe, kurz FCKW. Unter dem Einfluss von ultravioletter Strahlung reagieren die Bruchstücke solcher Gase mit dem Ozon. 1987 unterzeichneten die Bundesrepublik und 24 weitere Staaten ein Abkommen zum Schutz der Ozonschicht; FCKW und weitere ozonzerstörende Stoffe wurden in den meisten Industrieländern verboten. Die Regeneration der Ozonschicht wird aber nach Meinung von Wissenschaftlern bis Mitte des 21. Jahrhunderts dauern.

Ozonlöcher treten jahreszeitlich bedingt auf. Sie schrumpfen im Sommer und dehnen sich über den Polen im späten Winter und zeitigen Frühjahr aus. Die abnehmende Ozonschicht hat wahrscheinlich zu einer höheren Hautkrebsrate und zu mehr Fällen von Grauem Star geführt, einer Augenkrankheit, die Blindheit verursachen kann. Menschen, die auf der südlichen Südhalbkugel wohnen, sowie Tiere, die in großen Höhen leben, sind besonders gefährdet.

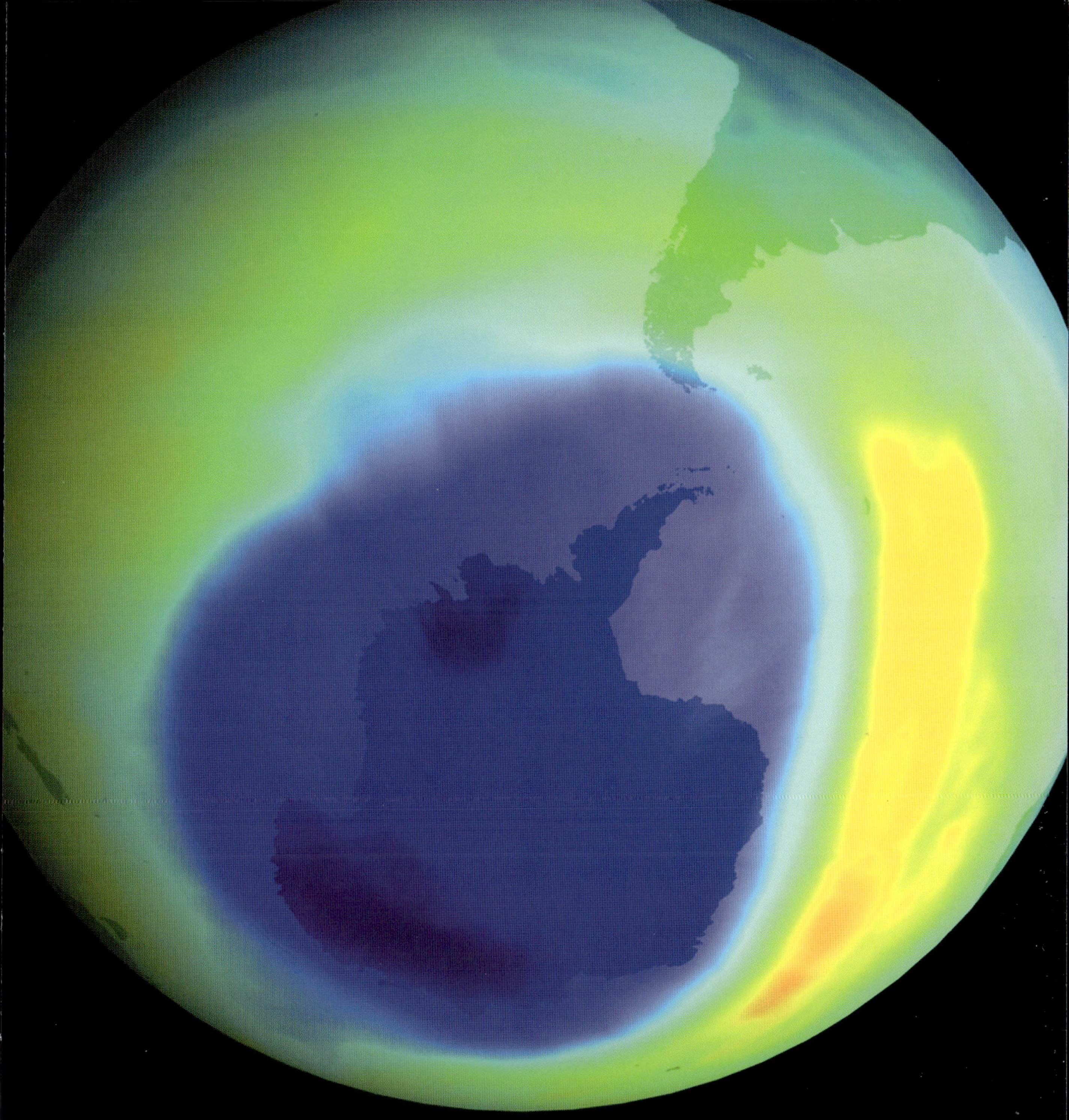

Die Zerstörung der Ozonschicht geht vor allem auf den Gebrauch von Fluorchlorkohlenwasserstoffen (FCKW) und anderen Gasen in den westlichen Industrienationen zurück. So wirken sich im Norden verursachte Schäden überwiegend im Süden aus, wo die schädliche ultraviolette Strahlung verstärkt auf die Erde trifft.

DAS GRÖSSTE LICHTSPEKTAKEL DER ERDE

Polarlicht *(Aurora borealis, Aurora australis)*,
Nördliche und Südliche Hemisphäre
Lage: Polarregionen
Unterschiedliche geographische Koordinaten

Benannt nach der römischen Göttin der Morgenröte, ist das Polarlicht für Dichter voll schillernder Inspiration – für Wissenschaftler nichts weiter als eine elektromagnetische Erscheinung.

Um Polarlichter zu verstehen, hilft der Vergleich mit einem Fernseher: Eine Elektronenröhre gibt Elektronen an einen Bildschirm ab, der in verschiedenen Farben leuchtet. In der oberen Atmosphäre, 100 bis 400 Kilometer über dem Erdboden, kollidieren von der Sonne ausgeschleuderte Partikel mit Sauerstoff- und Stickstoffatomen. Während sie über den nächtlichen Himmel „tanzen", leuchten sie in überirdischen Grünweiß- und Rottönen.

In den Aggregatzuständen der Materie – fest, flüssig, gasförmig – hat jedes Atom einen Kern, der von Elektronen umgeben ist. Doch 99 Prozent des Universums bestehen weder aus fester, flüssiger noch gasförmiger Materie, sondern aus Plasma. Das ist sehr heiße Materie, deren Elektronen sich von den einzelnen Atomen gelöst haben, so dass die Atomkerne in einem Meer von Elektronen baden. Plasma existiert in Flammen, Lichtblitzen und natürlich in der Sonne, die wie eine gigantische Wasserstoffbombe eine Million Tonnen Partikel pro Sekunde ins Weltall schleudert. Der so genannte Sonnenwind ist ein verdünntes Plasma aus geladenen Teilchen wie Elektronen oder Wasserstoffkernen.

Der Sonnenwind trifft mit etwa 400 Kilometern pro Sekunde auf die Erdatmosphäre auf. Als der Halleysche Komet 1986 erschien, war sein Schweif immer von der Sonne weg gerichtet – vom Sonnenwind in diese Richtung geblasen.

Die Erde ist von einem riesigen Magnetfeld umgeben, das wie eine Träne geformt ist. Auf der zur Sonne hingewandten Seite, ungefähr 60 000 Kilometer von der Atmosphäre entfernt, wird es vom Sonnenwind zusammengedrückt. Aber auf der sonnenabgewandten Seite wird es durch den Sonnenwind bis auf eine Länge von sechs Millionen Kilometern ausgedehnt. Dieses Magnetfeld schützt die Erde vor den geladenen Hochgeschwindigkeitspartikeln aus dem Weltraum, es hat aber Löcher am magnetischen Nord- und Südpol.

Polarlichter erscheinen bei drei verschiedenen Gelegenheiten. Erstens: Der Sonnenwind dringt nach und nach in das Magnetfeld ein. Dieses dehnt sich aus und schnellt plötzlich zurück. Dabei schleudert es geladene Partikel in die obere Atmosphäre nahe der beiden Pole, so dass zwei Polarlichter gleichzeitig entstehen.

Zweitens: Die Corona, die äußere Schicht der Sonne, schleudert gigantische Plasmablasen aus, die in Wechselwirkung mit dem Magnetfeld treten. Diese enormen Blasen fliegen mit 800 Kilometern pro Sekunde durch den Weltraum. Wenn sie die obere Atmosphäre treffen, lösen sie ein gewaltiges Lichtspektakel aus.

Drittens: Die Sonne kann selbst enorme Plasmaklumpen ausschleudern, die etwa 1 000 000 Grad heiß sind und die erstaunliche Geschwindigkeit von 100 000 Kilometern pro Sekunde haben. Die Sonne schleudert solche Blasen mehrmals im Jahr aus, doch zum Glück treffen uns die meisten nicht. Falls doch solche massiven Partikelschauer auf die Erde prallen, stören sie den Funkverkehr und legen Stromnetze lahm.

Dr. Karl S. Kruszelnicki

Das Polarlicht leuchtet wegen der Sauerstoffatome meist grünlich weiß, während Stickstoffatome ein eher rosafarbenes Leuchten bewirken. Der norwegische Wissenschaftler Kristian Birkeland war im frühen 20. Jahrhundert der Erste, der dieses Himmelsphänomen erklärte, doch berichtet wurde darüber schon in der klassischen griechischen und chinesischen Literatur, im Alten Testament sowie in den nordischen Sagen

Die Inuit nennen das Polarlicht *arsarnerit* – „mit dem Ball spielen". Früher glaubten sie, dass Polarlichter ihre Vorfahren waren, die mit einem Walross-Schädel Ball spielten. Es hieß, dass man die Lichter zur Erde locken könnte

wenn man pfiff und sie vertreiben könnte, wenn man wie ein Hund bellte. Polarlichter haben für die meisten nordischen Völker eine spirituelle Bedeutung. Sie werden als Gabe der Toten betrachtet, um die langen Polarnächte zu erhellen.

DER AM STÄRKSTEN ELEKTRISCH GELADENE ORT DER ERDE

Kampala, Uganda
Lage: Zentralafrika
Koordinaten: 00° 19′ 00″ N | 32° 35′ 00″ O

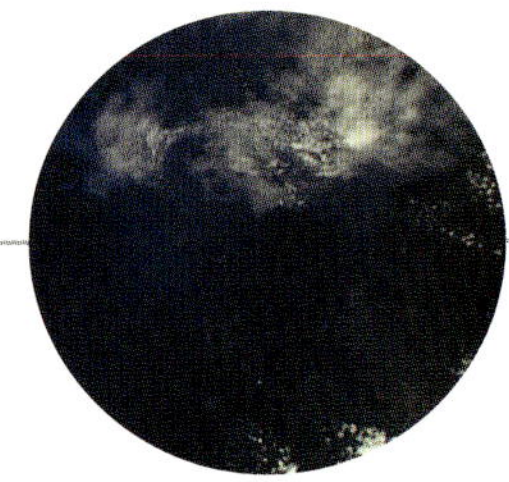

In der klassischen Mythologie symbolisieren Blitze die Macht der Götter über Himmel und Erde. In Skandinavien bedeuteten Blitze, dass der blonde Gott Thor seinen brennenden Hammer schwang; er reiste über den Himmel in einem Streitwagen, der von zwei Ziegenböcken gezogen wurde, der Donner war der Klang seiner rollenden Räder. Die nordischen Völker liebten Thor, denn wenn sein Wagen über die Felder fuhr, bescherte er ihnen Regen und gute Ernten. Die Griechen glaubten, dass Zeus den Himmel regierte und die Blitze als Boten entsandte.

Blitze sind eine elektrische Entladung hoher Spannung zwischen zwei aufgeladenen Regenwolken oder zwischen einer Wolke und der Erde. Sie geschieht, wenn eine Gewitterwolke elektrische negative Ladung gegen eine positive Ladung freisetzt, die sich in einer anderen Wolke oder auf der Erde in Gebäuden, Boots- und Fahnenmasten, Menschen, Berggipfeln und Bäumen gesammelt hat. Ein typischer Blitz dauert nur ein paar Zehntelsekunden. Aber in diesem Augenblick erhitzt er die ihn umgebende Luft auf eine Temperatur, die fünf Mal höher ist als die auf der Sonnenoberfläche. Die umgebende Luft dehnt sich aus, vibriert und löst Donner aus, aber weil sich Schall viel langsamer fortpflanzt als Licht, hört man den Donner gewöhnlich erst, nachdem man den Blitz gesehen hat. Jeder Blitz heizt die Luft in der Umgebung auf ungefähr 30 000 Grad auf und kann bis zu 30 Kilometer lang sein. Ein typischer Blitz ist nur um die 800 Meter lang.

Es blitzt weltweit etwa 70 bis 100 Mal pro Sekunde und somit jeden Tag ungefähr acht Millionen Mal. Weil Blitze mit dem Klima zusammenhängen und meist in Gebieten mit vielen Gewittern auftreten, ist das am stärksten elektrisch geladene Gebiet der Erde auch das gewittrigste: In Kampala in Uganda gibt es im Durchschnitt an 290 Tagen im Jahr Gewitter.

«Es gibt nur drei Dinge, die einen Farmer töten können: Blitzschlag, sich mit einem Traktor zu überschlagen und das Alter.»

Bill Bryson

1786 entdeckte Luigi Galvani zufällig, dass ein Stromstoß die Beine eines toten Froschs zum Zucken bringt. Heute gehen Forscher davon aus, dass Blitze die Evolution in der Ursuppe ausgelöst haben könnten. 2001 gelang es französischen Wissenschaftlern, Bakterien mittels elektrischer Ladungen dazu zu bringen, Erbgut miteinander auszutauschen.

Sir Ranulph Fiennes

DIE POLE

Die Antarktis ist der höchst gelegene Kontinent der Erde und auch der trockenste; eigentlich ist sie eine Wüste. Es ist dort so kalt, dass sich beim Blinzeln die Augenflüssigkeit an den Wimpern festsetzt und sie zusammenfrieren lässt. Man muss die Hand aus dem Handschuh nehmen, um mit den Fingern die Eisklümpchen an den Wimpern wegzutauen. Nach einer Expedition in die Antarktis hat man womöglich weniger Wimpern als vorher.

Wir begannen mit der Überquerung des Kontinents im November 1992. Ich wog 98 Kilogramm und zog einen Schlitten mit 219 Kilogramm Nahrung und Ausrüstung. Niemand hatte je eine Überquerung des Südpols ohne Hilfe und mit einer solchen Last gewagt. Die Folge war, dass wir sehr, sehr dünn wurden. Wir aßen 5000 Kilokalorien am Tag, aber unser durchschnittlicher Verbrauch lag bei 8000 Kilokalorien, wir verloren jeden Tag 3000 Kilokalorien. Wer immer einen auf einer solchen Expedition begleitet, sollte extrem belastbar sein. Man wird bei einer so langen Reise von Wundbrand befallen, und das führt zu extremer Gereiztheit.

Mein Kollege Dr. Mike Stroud, einer der besten Physiologen Europas,untersuchte den Stoffwechsel unter Stressbedingungen. Er injizierte unseren Körpern eine sehr teure Flüssigkeit, die später in Form von Urin gesammelt und in einer Zentrifuge geschleudert wurde. All das geschah im Zelt.

Der Marsch zum Südpol, mehr als 3000 Meter quer über den Kontinent, geht leicht bergan. Wenn ich an einer Expedition wie der Polüberquerung teilnehme, hoffe ich, das Gegenteil von dem zu sehen, was sich Touristen wünschen. Sie möchten wunderschöne Landschaften mit gewaltigen Bergen sehen. Ich bevorzuge reine, weiße Flächen, denn

Plötzlich folgte Explosion auf Explosion, große Brocken des Eises begannen einzubrechen. Der Schnee an den Rändern schoss in gewaltigen Schwaden in die Luft.

---

jeder Schatten oder jedes Blau bedeutet ein potenzielles Problem, weil es auf Gletscherspalten oder tiefe Risse in der Oberfläche hinweist.

1979, auf einer anderen Antarktis-Durchquerung, starteten wir von Sanae in Richtung Pol. Wir waren die ersten Menschen, die sich in dieses Gebiet der Antarktis wagten, durchquerten also nicht kartografiertes Gebiet. Niemand konnte uns sagen, wie wir ins Landesinnere kommen würden, ohne riesige Felder mit Gletscherspalten überqueren zu müssen. Manche enthielten mehr als 60 Meter tiefe Löcher. In sie zu stürzen, konnte tödlich enden. Besonders gefährlich waren vom Schnee verdeckte Gletscherspalten.

Auf der Reise von 1992/93 ereignete sich nach zehn Tagen etwas Unheimliches. Wir haben es nie verstanden und nie wieder etwas davon gehört. Wir fuhren auf Skiern dahin, zogen unsere Schlitten über das Eis, als plötzlich eine Explosion den Schnee unter uns erschütterte.

Im Nordpolarmeer treiben die Eisschollen – Millionen Tonnen schwer – langsam durchs Wasser, knirschend, malmend und quietschend, wenn sie aneinander stoßen. In der Antarktis hört man nur den Wind, oder, wenn man einen Schlitten zieht, das kratzende Geräusch der Kufen oder, wenn man eine dicke Mütze auf dem Kopf trägt, den Schlag des eigenen Herzens.

Als diese Ruhe durch einen lauten Knall zerrissen wurde, erschraken wir zutiefst. Plötzlich und ohne Erklärung folgte Explosion auf Explosion, große Brocken des Oberflächeneises begannen einzubrechen. Der Schnee an den Rändern schoss in gewaltigen Schwaden in die Luft. Ich kann es nur mit einem Granatenangriff vergleichen. Wir wussten nie, wo sich die nächste Explosion ereignen würde, und es gab nichts, wo wir hätten Schutz suchen können. Einmal öffnete sich ein Loch zwischen uns – niemand konnte erklären, warum. Ohne ersichtlichen Grund hatte sich der Erdboden aufgetan.

Ein weiteres Problem in der Antarktis sind die Kaltluftabflüsse, die im Extremfall bis zu 305 Kilometer pro Stunde erreichen können. Oben auf dem Plateau muss man sich keine Sorgen machen, da sie nur an steileren Hängen Sturmstärke erreichen. Wie bei Bergwind in den Alpen fließt die durch Strahlungsabkühlung dichtere Luft abwärts, wobei sie sich beschleunigt. Innerhalb kurzer Zeit kann der Wind so von einer sanften Brise bis auf 160 Kilometer pro Stunde anschwellen. Wenn man dann auf dem Gletscher übernachtet, sollte das Zelt sehr gut gesichert sein.

1993, ungefähr 60 Tage nachdem wir aufgebrochen waren, lag die gefühlte Temperatur wegen des starken Windes bei minus 67 Grad. Mike litt an Unterkühlung. Es ist unmöglich, diese an sich selber festzustellen. Zu den üblichen Symptomen gehören lallendes Sprechen und taumelnder Gang. In schweren Fällen sollen Menschen sich einfach in den Schnee gekniet haben und zusammengebrochen sein. Mike hatte einigermaßen Glück: Nach dem Anfall verlor er lediglich für eine knappe Stunde sein Gedächtnis.

Außerdem litten wir beide an Wundbrand. Wir wussten, dass uns Amputationen bevorstanden, aber wir wussten nicht, bis wohin. Trotzdem fühlten wir uns privilegiert. Wir hielten uns für echte Entdecker, nicht nur für Abenteurer; denn es gibt nur wenige Plätze auf der Erde, die bislang nicht vermessen worden sind.

DIE GRÖSSTEN SCHNEEFÄLLE DER ERDE

GRÖSSTE SCHNEEHÖHE:
Tamarac, Kalifornien, USA, 1911
38° 26′ 20″ N | 120° 04′ 30″ W

DER GRÖSSTE EINZELNE SCHNEESTURM:
Mount Shasta Ski Bowl, Kalifornien, USA 1959
41° 19′ 20″ N | 122° 12′ 07″ W

Eine kurze Einführung in das Wesen des Schnees: Schnee entsteht bei extremer Kälte, die in den oberen Schichten der Wolken herrscht. Eine Schneeflocke oder ein Schneekristall ist eine Ansammlung von extrem kaltem Wasserdampf und Tröpfchen, die um einen mikroskopisch kleinen Kern gefrieren. Für uns sieht eine Schneeflocke „weiß" aus, weil sie wie ein Prisma wirkt und Licht in alle Richtungen streut. Es gibt sie in einer unendlichen Formenvielfalt.

In den Alpen können bis zu eineinhalb Meter Neuschnee an einem Tag fallen. Die bislang größte dokumentierte Schneehöhe in den USA wurde am 11. März 1911 im kalifornischen Tamarac gemessen. Sie betrug 11, 5 Meter. Die größte Menge an Schnee, die je bei einem einzelnen Schneesturm fiel, erreichte eine Höhe von 4,8 Metern. Der Blizzard ereignete sich zwischen dem 13. und 19. Februar 1959 am Mount Shasta Ski Bowl in Kalifornien.

«Die Natur kennt kein Erbarmen. Die Natur sagt: ‹Ich schneie jetzt.›»

Maya Angelou

DIE REGNERISCHSTEN UND NASSESTEN PLÄTZE DER ERDE

Mawsynram, Meghalaya
Lage: Nordostindien
Koordinaten: 25° 18′ 00″ N | 91° 35′ 00″ O

Die durchschnittliche Regenmenge in Mawsynram im indischen Staat Meghalaya – er ist im Norden durch die Bergkette des Himalaya begrenzt – beträgt ungefähr zwölf Meter pro Jahr. Diese enorme Niederschlagsmenge stellt all jene Plätze in den Schatten, die gemeinhin als „nass" gelten wie Dublin in Irland, das gerade mal auf 73 Zentimeter kommt oder London in England mit 75 Zentimetern, New Orleans in Louisiana mit 177 Zentimetern, Singapur mit 215 Zentimetern. Der Mount Waialeale auf der Hawaii-Insel Kauai kann schon eher mithalten. An dem Berg regnet es an 350 Tagen im Jahr, die durchschnittliche Regenmenge im Jahr beträgt zehn Meter.

Vor nicht allzu langer Zeit hielt das Gebiet von Cherrapunji in Indien den Titel als nassester Platz der Erde, aber der Klimawandel hat es von diesem Rang vertrieben. Aber seine natürliche Schönheit hat es behalten. Cherrapunji (rechte Seite) liegt ebenfalls im indischen Staat Meghalaya, dem „Wohnsitz der Wolken". 1400 Meter über dem Meeresspiegel blickt man von dort auf ein von Nebeln verhülltes Tal und schäumende Flüsse. Die durchschnittlichen jährlichen Niederschläge von Cherrapunji liegen bei knapp elf Metern; am stärksten prasseln sie von Juni bis September auf die Region nieder. 1861 fielen dort in einem besonders nassen Jahr 23 Meter Regen.

Es gibt Gebiete, in denen es fast ununterbrochen regnet. Der Regen wechselt zwischen stark, mittel und leicht. Es sind die einzigen Plätze der Welt, an denen man Regen in Metern statt in Zentimetern misst. Meistens regnet es nachts.

DER WINDIGSTE PLATZ DER ERDE

Commonwealth Bay
Lage: Südostantarktis
Koordinaten: 66° 54′ 00″ S | 142° 40′ 00″ O

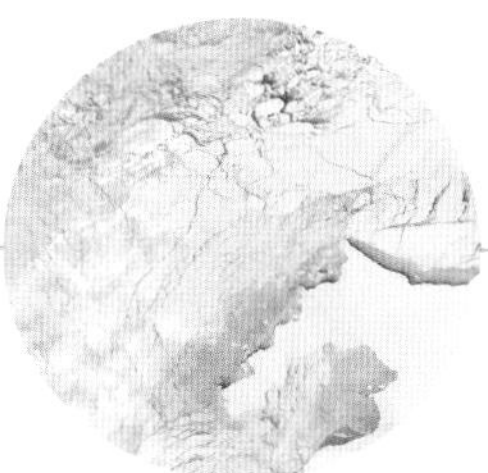

Die Antarktis ist der höchst gelegene, trockenste und kälteste Kontinent. Doch das prägendste Merkmal dieses Lands ist der Wind. Wind ist genau genommen eine Seitwärtsbewegung der Atmosphäre vom Hoch zum Tief; sie entsteht durch die unterschiedliche Erwärmung der Luft durch die Sonne. Der windigste Platz ist die Commonwealth Bay an der Südküste der Ostantarktis. Kaltluftabflüsse – kalte Luft, die an Gletscherhängen herabströmt – erreichen hier Geschwindigkeiten von bis zu 305 Kilometern pro Stunde.

Wie kraftvoll ist eine Böe von dieser Geschwindigkeit? Zum Vergleich: Stürme brechen Äste und fegen Menschen von der Straße. Tropische Wirbelstürme beginnen bei 33 Meter pro Sekunde und können bis weit über 200 Kilometer pro Stunde anschwellen. Kaltluftabflüsse sind zwar nicht so schnell wie manche Tornados, haben aber die Kraft, ein Auto zu zertrümmern und die Erdoberfläche zu formen. Die Kaltluftabflüsse über der Antarktis entwickeln sich hangab aus Brisen zu eisigen, trockenen Böen, die laufend an Geschwindigkeit zunehmen, bevor sie die Küste verwüsten.

Trotzdem sind sie nicht die schnellsten Winde. Diesen Rekord hält ein Sturm, der am 12. April 1934 über den Mount Washington in New Hampshire, USA, hinwegtobte: angeblich mit 372 Kilometern pro Stunde. Dies kann allerdings nur indirekt aus der Wucht der Zerstörungen geschätzt werden, etwa aus der Tiefe, die ein Stein in einen Baum eingeschlagen ist. Selbst moderne Messfühler halten maximal einer Windgeschwindigkeit von 250 Kilometern pro Stunde stand. Der Windrekord auf niedriger Höhe wurde am 8. März 1972 in Grönland gemessen, auf der US Air Force Basis in Thule: 333 Kilometer pro Stunde.

«Für uns trägt der Wind einen Schrei, der für menschliche Ohren eine Bedeutung hat. Wir glauben eher, dass er mit uns die Emotionen des Seins teilt, als dass das geheimnisvoll ansteigende Rauschen des Hurrikans sich auf nichts weiter als das Zusammenstoßen gefühlloser Moleküle reduzieren lässt.»

Norman Mailer

Dieses halb im Schnee vergrabene Zelt, an dem ein antarktischer Sturm rüttelt, lässt erahnen, mit welch ungeheurer Kraft die Winde über den gefrorenen Kontinent heulen. Erinnerungen an die Generationen von Polarentdeckern werden wach, die sich diesen extremen Heraus-

forderungen stellten: an die tragische Expedition von Robert Scott zum Beispiel, und an Captain Oates, der sein Leben opferte, um der Mannschaft Proviant zu sparen. Er verließ das Zelt mit den Worten: «Ich gehe nur mal nach draußen, es kann eine Weile dauern.»

DER KÄLTESTE PLATZ DER ERDE

Wissenschaftliche Station Wostok
Lage: Zentrale Ostantarktis
Koordinaten 78° 28′ 00″ S | 106° 49′ 00″ O

Wäre die Antarktis ein Cocktail, hieße er „Ice on the Rocks". Eis bedeckt mehr als 98 Prozent des Kontinents. Das sind 90 Prozent allen Eises der Welt und 70 Prozent des Süßwassers der Erde. Das größte einzelne Eisstück der Erde ist der ostantarktische Eisschild, der an manchen Stellen mehr als vier Kilometer dick ist. Das entspricht der Höhe der europäischen Alpen. Die dickste Eisschicht der Erde (4778 Meter) wurde mittels Echolot in der südlichen Ostantarktis gemessen, nicht weit von der Stelle, wo Leutnant Charles Wilkes 1840 Land entdeckte und daraus schloss, dass die Antarktis ein Kontinent ist.

Die blauen Eisberge und gleitenden Gletscher machen die Antarktis zu einem malerischen Ort. Aber die antarktischen Landschaften, die Touristen in der Saison besuchen, sind mild im Vergleich zum zentralen Hochplateau, wo die Temperatur im Winter bei minus 50 bis minus 60 Grad liegt. Hier, an einem Ort namens Plateau Station, wurde die niedrigste durchschnittliche Jahrestemperatur gemessen: minus 57 Grad.

Die vorübergehend tiefste Temperatur der Welt wurde ebenfalls in der Antarktis gemessen, am 21. Juli 1983. Rund 150 Kilometer vom geomagnetischen Südpol entfernt registrierte man auf der sowjetischen Beobachtungsstation Wostok minus 89,4 Grad. Es fällt schwer, sich eine solche Kälte vorzustellen, aber im Vergleich mit dem absoluten Nullpunkt (minus 273 Grad), der nur im tiefsten Weltall vorkommt, ist das noch gemütlich.

Auch wenn es auf den ersten Blick wie ein riesiger gefrorener See aussieht – die russische Forschungsstation Wostok liegt auf knapp 3500 Meter Höhe, in einer der kältesten Regionen der Welt. Die tiefste Temperatur, die bislang gemessen wurde, betrug minus 89,4 Grad. Die Höchsttemperatur liegt immer noch weit im Minusbereich: minus 21 Grad.

DER UNWIRTLICHSTE PLATZ DER ERDE

Danakilsenke
Lage: Eritrea und Äthiopien
Koordinaten: 14° 00′ 00″ N | 40° 30′ 00″ O

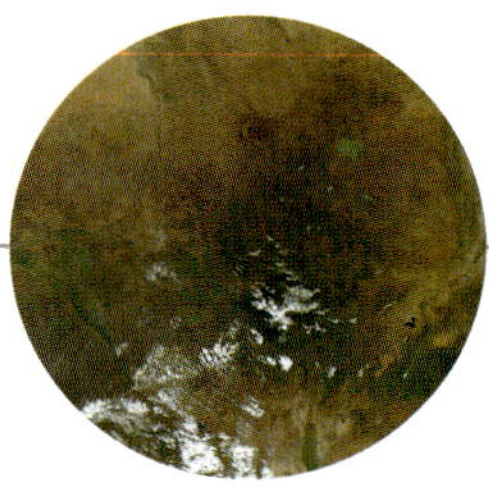

Die Danakilsenke liegt in einem Wüstengebiet am Horn von Afrika, auch Dankalia genannt. Von der Sonne durchglühtes Flachland wechselt mit isolierten Berggruppen und Trockentälern, die mit dornigen Akazien gespickt sind. Das Tiefland, einst Teil des Roten Meers, ist von weiten Salzebenen bedeckt, in die hier und da heiße gelbe Schwefelfelder eingestreut sind.

Drei Viertel des Jahres regnet es hier überhaupt nicht. Und die mickrigen Rinnsale, die von höheren Lagen herabfließen, werden von den flachen Salzseen aufgesogen. Ein trockener, alles ausdörrender Wind macht die Hitze und das gleißende Licht nicht erträglicher. Der südliche Teil der Region ist vulkanischen Ursprungs: ein verlassenes Gebiet aus alten Lavaströmen und abgetragenen Vulkankegeln. Es ist immer noch Erschütterungen ausgesetzt, so dass die Erde in der flirrenden Hitze bebt. Die Senke, die bis zu 120 Meter unter dem Meeresspiegel liegt, ist zugleich einer der heißesten Plätze des Planeten. Es ist ungewöhnlich, dass ein so niedrig liegender Ort nicht mit Wasser bedeckt ist. Die Luft in der Senke heizt sich wie in einem Backofen bis auf 50 Grad auf.

Im Death Valley in Kalifornien wird es fast so heiß wie in der Danakilsenke, die Temperaturen erreichen 49 Grad. Das ausgedörrte amerikanische Tal mit seinen Dünen und Vulkanfelsen ist eine große Attraktion für Touristen. Auch hier gibt es Salzseen; außerdem ein zerfurchtes Gebiet, das Devil's Golf Course heißt – es ist allerdings zu rau für menschliche Spieler.

«Was tue ich hier?»

Rimbaud in einem Brief aus Äthiopien

Die Danakilsenke wird trotz ihrer Unwirtlichkeit nicht ganz von Menschen gemieden. Die nomadischen Afar haben sich an sie angepasst. Halbkugelförmige Hütten aus Palmenstroh spenden den Hirten Schatten; sie ernähren sich in erster Linie von Sauermilch und Durra (Hirse).

Patricia Moehlman

DANAKIL

Nur Heelo, ein großer schlanker Mann, der in der Danakilwüste lebt, erzählte mir einmal folgendes Gleichnis: Eine Frau, die ihren kleinen Sohn auf der Hüfte trägt, steht mitten in der Flut. Das Wasser steigt, sie setzt ihren Sohn auf die Schultern. Das Wasser steigt weiter, und sie hebt ihren Sohn auf den Kopf. Als das Wasser immer noch steigt, stellt sie sich – auf ihren Sohn. Heelo und ich hatten zuvor über den Schutz von Wildtieren diskutiert, besonders über den Afrikanischen Wildesel in der Danakil. Mit seiner Geschichte wollte Heelo offenbar ausdrücken, dass das Leben hier hart ist – so hart, dass ein Mensch, der überleben will, oft schreckliche Entscheidungen treffen muss.

Die Danakilwüste ist der Beginn des Ostafrikanischen Grabens, einer dynamischen geologischen Verwerfung, die sich vom Roten Meer bis weit in den Süden nach Simbabwe erstreckt. Bei jährlichen Regenfällen zwischen 0 und 20 Zentimetern ist Wasser ein rares Gut. Die Menschen müssen ihre Arbeit sorgfältig planen. Selbst in den kühleren Monaten von Dezember bis Februar steigt die Temperatur bis auf 46 Grad an. Für Reisende aus gemäßigteren Zonen ist die Gegend abschreckend, für die Afar-Hirten ist sie das Zuhause. Ich habe hier mehr als zehn Jahre als Biologin gearbeitet und gelernt, das Land mit ihren Augen zu sehen: die blauen, zerklüfteten Berge, die Täler mit dem fahlen, sandigen Boden und den schlanken Gräsern – öde zwar, aber wunderschön.

In der Vergangenheit eilte den Afar ein schrecklicher Ruf voraus; die Menschen der benachbarten Hochländer fürchteten sie ebenso wie die europäischen Entdecker. Tatsächlich entpuppte sich aber die Wüste selbst als viel gefährlicher als ihre Bewohner. Mehr Reisende starben mangels Wasser und Nahrung als durch Angriffe der Nomaden. Heute sind die Afar Hirten, sie züchten Kamele, Schafe und Ziegen. Diejenigen, die in der Nähe von Wasserstellen leben, halten Rinder. Als Nomaden führen sie ihre Herden in Täler, in denen es geregnet hat und wo salztolerantes Gras sprießt. Die wenigen Akazienbäume, die hier wachsen, werden kaum größer als Sträucher, aber sie bieten Futter und Schatten in der heißesten Zeit des Jahres.

Nahe dem Messirplateau gibt es einen Teich von 20 Meter Durchmesser, der von einer Quelle gespeist wird. Das Wasser ist so sauber, dass man es trinken kann. Die Afar füllen es in Tröge für das Vieh, in Becken, um die Wäsche zu waschen, oder sie bringen es in ihr Dorf. Ein temporäres Dorf besteht aus Rundhütten, die aus gebogenen Ästen und gewebten Matten gefertigt werden. Die dauerhafteren Häuser sind rechteckig, ebenfalls mit Matten bedeckt und tragen ein Strohdach. Beide Haustypen bleiben im Inneren trotz der mörderischen Sonne angenehm kühl. Aber die Männer, Frauen und Kinder, die mit den Schafen und Ziegen über die felsigen Hänge ziehen, sind ihr erbarmungslos ausgesetzt. Nach Hochrechnungen werden in 25 Jahren fast überall in Afrika doppelt so viele Menschen leben wie heute. Nicht so in der Danakil. Hier gibt es so wenig Ressourcen, dass mit einer gleichbleibenden Bevölkerungsdichte gerechnet wird.

In dieser Wüste lebt auch der Afrikanische Wildesel *(Equus africanus),* dessen Verbreitungsgebiet vom Roten Meer in Eritrea bis zum Awash-Fluss in Äthiopien reicht. Er kommt sogar in der Dallolsenke vor, einem der trockensten Plätze der Erde – 122 Meter unter dem Meeresspiegel gelegen. Der Boden dort ist sehr salzig, die Temperaturen erreichen fast den weltweiten Temperaturrekord von 57 Grad. Hier findet man fossile Sand-Dollar (Verwandte der Seeigel) – eine Erinnerung daran, dass das Land einst vom Wasser des Roten Meers bedeckt war.

Der Afrikanische Wildesel ist ein mageres, muskulöses Tier mit einem kurzen, grauen Fell, das die Sonne reflektiert. Es ist das größte wildlebende Säugetier der Danakil; seine Größe, Geschwindigkeit und Ausdauer rufen Ehrfurcht unter den dort lebenden Menschen hervor. Unglücklicherweise glauben sie auch, dass seine Organe, sein Fleisch und seine Knochen als Heilmittel wirken. Dies trug erheblich dazu bei, dass die Eselspopulation in den letzten 20 Jahren um 90 Prozent reduziert wurde.

Trotzdem gibt es für sein Überleben noch Hoffnung. In Äthiopien haben die Führer der Afar das Töten von Afrikanischen Wildeseln verboten. In Eritrea gehört es zur Tradition der Afar, ihre Ressourcen mit den wilden Tieren zu teilen. So kann der Afrikanische Wildesel frei umherziehen und an den Wasserstellen trinken. Das Leben ist hart, und der Wandel vollzieht sich langsam, aber die Einheimischen leben nach dem Motto: «*Kes ilu zikeyid bizuh yikeyid.*» Wer langsam geht, kann es weit bringen.

DIE EXTREMSTEN TEMPERATUREN AN DER ERDOBERFLÄCHE

Die Angaben beruhen auf Daten des National Climatic Data Centre's Global Measured Extremes of Temperatures and Precipitation. Die Ortsnamen sind bestätigt durch das United States Board on Geographic Names und die Datenbank für geographische Namen der National Imagery Mapping Agency (NIMA).
Die Angaben für Niederschläge in Südamerika und Asien schließen Schnee mit ein. In der Antarktis fällt der Niederschlag nur als Schnee.

NORDAMERIKA

HÖCHSTE TEMPERATUR: 57°C | DEATH VALLEY | HÖHE: 54 m UNTER DEM MEERESSPIEGEL | 10. JULI 1913
NIEDRIGSTE TEMPERATUR: -63°C | SNAG, YUKON, CANADA | HÖHE: 646 m | 3. FEBRUAR 1947
MAXIMALER NIEDERSCHLAG: 6502 mm | DURCHSCHNITT ÜBER 14 JAHRE HENDERSON LAKE, BRITISH COLOMBIA | HÖHE: 3,7 m
MINIMALER NIEDERSCHLAG: 30 mm | DURCHSCHNITT ÜBER 14 JAHRE BATAGUES, MEXIKO | HÖHE: 4,9 m

SÜDAMERIKA

HÖCHSTE TEMPERATUR: 49°C | RIVADAVIA, ARGENTINIEN | HÖHE 206 m | 11. DEZEMBER 1905
NIEDRIGSTE TEMPERATUR: -32,8°C | SARMIENTO, ARGENTINIEN | HÖHE: 268 m | 1. JUNI 1907
MAXIMALER NIEDERSCHLAG: 8992 mm | DURCHSCHNITT ÜBER 16 JAHRE QUIBDO, KOLUMBIEN | HÖHE: 37 m
MINIMALER NIEDERSCHLAG: < 7,6 mm | DURCHSCHNITT ÜBER 59 JAHRE ARICA, CHILE | HÖHE: 29 m

AFRIKA

HÖCHSTE TEMPERATUR: 57,8°C | EL AZHIZIA, LYBIEN | HÖHE: 112 m | 13. SEPTEMBER 1922
NIEDRIGSTE TEMPERATUR: -23,9°C | FRANE, MAROKKO | HÖHE: 1635 m | 11. FEBRUAR 1935
MAXIMALER NIEDERSCHLAG: 10287 mm | DURCHSCHNITT ÜBER 32 JAHRE DEBUNDSCHA, KAMERUN | HÖHE: 9 m
MINIMALER NIEDERSCHLAG: <2,5 mm | DURCHSCHNITT ÜBER 39 JAHRE WADI HALFA, SUDAN | HÖHE: 125 m

EUROPA

HÖCHSTE TEMPERATUR: 50°C| SEVILLA, SPANIEN | HÖHE: 7,9 m | 4. AUGUST 1881

NIEDRIGSTE TEMPERATUR: -55°C | UST'SHCHUGOR, RUSSLAND | HÖHE: 85 m | JANUAR (GENAUES DATUM UNBEKANNT; NIEDRIGSTE TEMPERATUR IN 15 JAHREN)

MAXIMALER NIEDERSCHLAG: 4648 mm | DURCHSCHNITT ÜBER 22 JAHRE CRKVICA, BOSNIEN-HERZEGOWINA | HÖHE: 1017 m

MINIMALER NIEDERSCHLAG: 163 mm | DURCHSCHNITT ÜBER 25 JAHRE ASTRAKHAN, RUSSLAND | HÖHE: 14 m

AUSTRALIEN

HÖCHSTE TEMPERATUR: 53,3°C | CONCURRY, QUEENSLAND | HÖHE: 190 m | 16. JANUAR 1889

NIEDRIGSTE TEMPERATUR: -23°C | CHARLOTTE PASS, NEW SOUTH WALES | HÖHE: 1755 m | 29. JUNI 1994

MAXIMALER NIEDERSCHLAG: 8636 mm | DURCHSCHNITT ÜBER 9 JAHRE | BELLENDEN KER, QUEENSLAND | HÖHE: 1555 m

MINIMALER NIEDERSCHLAG: 103 mm | DURCHSCHNITT ÜBER 42 JAHRE | MULKA (TROUDANINNA), SÜDAUSTRALIEN | HÖHE: 48,8 m|

ASIEN

HÖCHSTE TEMPERATUR: 53,9°C | TIRAT TSVI, ISRAEL | HÖHE: 220 m UNTER DEM MEERESSPIEGEL | 21. JUNI 1942

NIEDRIGSTE TEMPERATUR: -67,8°C | OIMYAKON, RUSSLAND | HÖHE: 800 m | 6. FEBRUAR 1933

NIEDRIGSTE TEMPERATUR: -67,8°C | VERKHOYANSK, RUSSLAND | HÖHE: 107 m | 7. FEBRUAR 1892

MAXIMALER NIEDERSCHLAG: 11 872 mm | DURCHSCHNITT ÜBER 38 JAHRE MAWSYNRAM, INDIEN | HÖHE: 1401 m

MINIMALER NIEDERSCHLAG: 45,7 mm | DURCHSCHNITT ÜBER 50 JAHRE | ADEN, JEMEN | HÖHE: 6,7 m

ANTARKTIS

HÖCHSTE TEMPERATUR: 15°C | VANDA STATION | HÖHE:15 m | 5. JANUAR 1974

NIEDRIGSTE TEMPERATUR: -89,4°C | WOSTOK | HÖHE: 3420 m | 21. JULI 1983

MAXIMALER NIEDERSCHLAG: KEIN REKORDWERT BEKANNT

MINIMALER NIEDERSCHLAG: 20,3 mm | DURCHSCHNITT ÜBER 10 JAHRE | AMUNDSEN-SCOTT, SÜDPOLSTATION | HÖHE: 2780 m

DIE STÄRKSTEN TORNADOS DER WELT

DER SCHNELLSTE: Bridge Creek, Oklahoma, USA, 1999
Koordinaten: 35° 24′ 06″ N | 97° 44′ 11″ W

DER TÖDLICHSTE: Tri-State-Tornado USA, 1925
Vom südöstlichen Missouri über das südliche Illinois bis zum Südwesten von Indiana

DIE GRÖSSTE ANSAMMLUNG: Super-Tornado-Ausbruch, 1974
Koordinaten: 13 Bundesstaaten der USA

Die brüllenden, wirbelnden Winde eines Tornados klingen wie ein Güterzug. Ein durchschnittlicher Tornado ist 200 Meter breit und bewegt sich mit einer Geschwindigkeit von 50 Kilometern pro Stunde vorwärts. Tornados gibt es zwar auch in Indien, Australien, Russland, Argentinien und Deutschland, aber die weltweit meisten und stärksten ereignen sich in den USA: durchschnittlich 800 im Jahr, mit ungefähr 80 Toten und mehr als 1500 Verletzten.

Tornados entstehen, wenn kalte Luft auf warme, feuchte Luft prallt. Die Folge ist ein Gewitter. In den USA entwickelt sich aus ungefähr einem Prozent aller Gewitter ein Tornado. Wenn starke Winde über schwächeren wehen, bewirkt das einen unsichtbaren, horizontalen Dreheffekt in der unteren Atmosphäre. Unter dem Sturm bildet sich ein Scherwind. Manchmal ergreift ein starker Aufwind den Scherwind, wodurch es zu verstärkter Drehbewegung kommt. Wenn Winde der oberen Schichten den Wirbel vorwärts treiben, so dass er den Boden berührt, entsteht ein Tornado – stark genug, um Autos, Busse, Häuser, Vieh und Wälder einzusaugen und wieder auszuspucken.

Die höchsten je gemessenen Windgeschwindigkeiten hatte ein Tornado am 3. Mai 1999, der bei Bridge Creek durch Oklahoma raste: mit 508 Kilometern pro Stunde. Die bislang meisten Todesopfer forderte der Tri-State-Tornado, der 1925 über die US-Bundesstaaten Missouri, Illinois und Indiana fegte. Dreieinhalb Stunden lang bewegte er sich mit einer Geschwindigkeit von durchschnittlich 100 Kilometern pro Stunde vorwärts und hinterließ eine 350 Kilometer lange Spur der Verwüstung. Er tötete 695 Menschen, verletzte 2027 Menschen und verursachte Schäden in Millionen-Dollar-Höhe.

Trotzdem war dieser Tornado klein im Vergleich zum so genannten Super-Tornado-Ausbruch am 3./4. April 1974. Damals rasten 148 Tornados über 13 US-Staaten. Nach 16 Stunden hatten sie 315 Menschenleben gefordert und 5300 Menschen verletzt. Die Schäden, die sie anrichteten, erstreckten sich über mehr als 4000 Kilometer. Während des Höhepunkts waren 15 Tornados gleichzeitig am Boden, sechs von ihnen mit Windgeschwindigkeiten zwischen 420 und 514 Kilometern pro Stunde.

Tornados geben seit jeher Anlass zu Legenden. So enthält das Buch „Heaven's Breath – A Natural History of the Wind" von Lyall Watson Berichte, dass Tornados angeblich Pferde drei Kilometer durch die Luft getragen und unverletzt am Boden wieder abgesetzt haben. Mägde beim Melken blieben wundersamerweise mit ihrem Eimer zurück, als der Wind ihnen

die Kuh wegblies; einmal verwehte ein Tornado sogar eine ganze Herde, die am Himmel wie ein Schwarm riesiger Vögel aussah. Weiter heißt es: «Menschen wurden von fliegenden Holzpfählen aufgespießt, verstümmelt, ihrer Kleider beraubt und aus einem Schornstein gespien, ihre nackten Körper von schwarzem Ruß bedeckt.»

DER GRÖSSTE WALDSCHADEN DURCH STURM

26. Dezember 1999
Lage: Frankreich
Eine Reihe geographischer Koordinaten: Paris 48° 50′ N | 02° 20′ O

In der Weihnachtszeit, am 26. Dezember 1999, verursachte der Sturm „Lothar" in Teilen von Frankreich einen regelrechten Kahlschlag. Er verwüstete Millionen von Quadratmetern Wald, fügte der Holzindustrie damit ernsthaften Schaden zu und ließ Tausende von Menschen wochenlang ohne Strom zurück. In den frühen Morgenstunden raste das Windfeld eines starken Tiefdruckgebiets fast wie ein Hurrikan über das westliche Europa, mit Windstärken bis zu 219 Kilometern pro Stunde. Die Stürme trafen die Küste von Frankreich an der Spitze der Bretagne, passierten Le Havre und Rouen und erreichten die Region von Paris mit Böen von 173 Kilometern pro Stunde. Sie rissen Teile des Dachs von Notre-Dame ab und wirbelten Steine durch ein buntes Kirchenfenster von Sainte-Chapelle. Auch das Schloss von Versailles bei Paris war stark betroffen. Fenster wurden zertrümmert und ungefähr 6000 Bäume im Park entwurzelt. Das Sturmsystem fegte später über Deutschland und Österreich hinweg, hatte aber in Frankreich mit der stärksten Kraft gewütet. Der Sturm mähte rund 360 Millionen Bäume um und beschädigte weitere 741 000 Bäume. Innerhalb von 30 Stunden forderte er 87 Todesopfer und verursachte enorme Sachschäden.

Ein anderer Windwurf von gewaltigem Ausmaß hatte sich 1908 in der Tunguska in Sibirien ereignet. Auch wenn die Ursache der Zerstörung wahrscheinlich ein großer Meteorit war, der beim Eintritt in die Erdatmosphäre explodierte, entwickelte sich daraus ein so verheerender Sturm, dass er Bäume auf einer Fläche von der doppelten Größe Luxemburgs entwurzelte. Zum Glück kamen kaum Menschen zu Schaden. Die Explosion war noch in 1000 Kilometer Entfernung zu hören. Da sich in Sibirien jedoch niemand die Mühe gemacht hatte, all die umgestürzten Bäume zu zählen, hält Frankreich den Rekord.

DIE ZERSTÖRERISCHSTEN HURRIKANS

DER GRÖSSTE: Hurrikan „Mitch" (24.–27. November 1998)
Lage: Mittelamerika (Region mit den stärksten Niederschlägen: La Ceiba, Honduras)
Koordinaten: 15° 44′ N | 86° 52′ W

DER TEUERSTE: Hurrikan „Katrina" (2005)
Lage: Bahamas, Florida, Kuba und Lousiana

Eine Brise, die Blätter und Zweige der Bäume bewegt, weht mit etwa 21 bis 29 Kilometern pro Stunde. Stärkere Winde, mit 39 bis 49 Kilometern pro Stunde, bringen Bäume zum Biegen.

Ein Hurrikan – der Name kommt von dem Wort *urican* der karibischen Indianer und bedeutet „starker Wind" – ist ein tropischer Wirbelsturm im Nordatlantik, der in seinem Windfeld 119 Kilometer pro Stunde überschreitet. Im Durchschnitt erreichen sechs Stürme pro Jahr über dem tropischen Atlantik die Stärke eines Hurrikans. Die Kraft eines solchen Sturms ist stark genug, um Menschen, Autos und Gebäude durch die Luft zu wirbeln, wird aber durch die Regenmassen noch weiter verstärkt. Ein durchschnittlicher Hurrikan bringt 20 Milliarden Tonnen Regen am Tag und löst massive Überschwemmungen und Zerstörungen an der Küste aus. 90 Prozent aller durch einen Hurrikan verursachten Todesfälle beruhen auf Sturmfluten – die Wellen können sich 7,5 Meter über die Oberfläche des Ozeans erheben.

Der größte Hurrikan der jüngeren Vergangenheit war „Mitch", der 1998 über Mittelamerika raste. Er forderte 11 000 Todesopfer und zerstörte 93 690 Gebäude. Danach waren ungefähr 2,5 Millionen Menschen von internationaler Hilfe abhängig. „Mitch" erreichte eine Geschwindigkeit von 290 Kilometern pro Stunde, als er sich von Jamaika und den Cayman Islands aus nach Westen bewegte, über Honduras, Nicaragua, El Salvador, Guatemala, Costa Rica hinwegfegte, nach Norden über die mexikanische Halbinsel Yucatán und ostwärts nach Florida zog und schließlich die Bahamas erreichte. Allein in Honduras starben 6500 Menschen, und es entstand ein Schaden von fünf Milliarden US-Dollar. Der einzige Hurrikan, der „Mitch" an Stärke übertraf, war der „Große Hurrikan" vom 10. bis 16. Oktober 1780, der etwa 22 000 Menschen in der östlichen Karibik tötete.

Der Hurrikan, der die größten Kosten verursachte, war „Katrina": Ab 23. August 2005 wütete er auf den Bahamas, in Florida, Kuba und Louisiana und richtete Schäden in Höhe von 81,2 Milliarden US-Dollar an. „Katrina" erreichte über Florida eine Spitzengeschwindigkeit von 280 Kilometern pro Stunde, forderte über 1800 Todesopfer und führte zur Flucht von etwa 1,3 Millionen Menschen. Etwas weniger zerstörerisch war der „Great Miami Hurricane" von 1926: Auf heutige Verhältnisse hochgerechnet, hinterließ er in Florida Schäden von 70 Milliarden Dollar sowie weiteren zehn Milliarden Dollar in den benachbarten Regionen.

Dieses Bild der Verwüstung entstand in Santo Domingo, der Hauptstadt der Dominikanischen Republik, nachdem Hurrikan „George“ am 28. September 1998 darüber hinweggefegt war. Ein durchschnittlicher Hurrikan bringt 20 Milliarden Tonnen Regen am Tag. Aufgrund des Treibhauseffekts können Hurrikans in Zukunft wahrscheinlich noch stärker werden, ihre Häufigkeit wird jedoch nicht zunehmen.

DIE SCHLIMMSTEN TROPISCHEN WIRBELSTÜRME DER ERDE

DER AM LÄNGSTEN DAUERNDE: „John" (August und September 1994)
Lage: Pazifischer Ozean

DER TÖDLICHSTE: Bangladesch-Zyklon (November 1970)
Koordinaten: 24° 00′ 00″ N | 90° 00′ 00″ O

Tropische Wirbelstürme über dem Atlantik nennt man Hurrikans – oder Hurrikane. Entstehen sie über der Bucht von Bengalen und dem Indischen Ozean oder rund um Australien, heißen sie Zyklone. Entstehen sie über dem westlichen Pazifik, bezeichnet man sie als Taifune. Doch egal wie sie heißen, diese Sturmsysteme entstehen hauptsächlich in den tropischen Regionen, in denen Ostwinde vorherrschen, von 4 Grad geografischer Breite polwärts. Sie können lebensgefährliche Winde und Wassermassen mit sich bringen. Auch wenn Tornados höhere Windgeschwindigkeiten erreichen als Hurrikans und Zyklone, sind sie weniger zerstörerisch, weil sie relativ kurzlebig sind. Ein Hurrikan oder Zyklon kann wochenlang über die Ozeane ziehen und – wenn er auf Land trifft – eine Schneise der Zerstörung hinterlassen, die mehrere tausend Kilometer lang ist.

Der tödlichste tropische Zyklon verwüstete im November 1970 Teile von Bangladesch. Zusammen mit einer Sturmflut forderte er mindestens 300 000 Menschenleben, vor allem in der Tieflandregion. Ein weiterer tödlicher Zyklon traf das Tiefland von Bangladesch im Jahr 1991, wodurch mehr als 138 000 Menschen starben. Der Schaden wurde auf 1,5 Milliarden US-Dollar beziffert. Der Zyklon und eine sechs Meter hohe Sturmflut verwüsteten das Küstengebiet südöstlich von Dhaka.

Forscher prognostizieren, dass Stürme und Hurrikans wegen des globalen Klimawandels in Zukunft intensiver auftreten könnten. Ansteigende Temperaturen verändern die allgemeine Zirkulation, dies kann die Regenfälle weltweit verschieben. Regional werden Fluten, Dürren und Waldbrände häufiger auftreten, auch an Orten, die bislang davon verschont blieben. Eine wärmere Welt kann mancherorts auch eine windigere sein, und vielleicht kommen noch extremere Hurrikans auf uns zu.

Der am längsten dauernde tropische Wirbelsturm war der Hurrikan „John". Nach seiner Entstehung vor Mexiko zog er im August und September 1994 über den Pazifik. Sobald er die internationale Datumsgrenze überschritten hatte, wurde er seltsamerweise in „Taifun John" umbenannt. Als er seinen Kurs änderte und die Datumsgrenze abermals überquerte, hieß er wieder „Hurrikan John". Wegen der Umbenennungen glauben manche, der Hurrikan „Ginger" (1971) im Nordatlantik wäre der am längsten dauernde Wirbelsturm gewesen. Aber in Wirklichkeit gebührt dieser Titel „John" – mit 31 Tagen wütete er drei Tage länger als „Ginger".

Sebastian Junger

STURM

Die überwältigendste Naturgewalt, die ich je erlebt habe, war ein Sturm an der Nordküste von Massachusetts. Ich lebte damals in Gloucester und sah zwölf Meter hohe Wellen anrollen, die gegen die Villen an der Küste prallten. Die Wellen sahen aus, als würden sie sich ganz langsam bewegen, doch sie waren nicht aufzuhalten. Es war aufregend und erschreckend – und führte zu einem Buch. Und es machte mir bewusst, dass die Natur die Kontrolle über uns hat. Ihr ist alles egal.

Viele westliche Gesellschaften, besonders die amerikanische, sind so ungeheuer arrogant, dass sie glauben, sie hätten alles unter Kontrolle, einschließlich der Natur. Zwar kommen in den USA nicht viele Naturkatastrophen vor, doch wenn sie sich ereignen, fragen wir mit unangebrachter Empörung: «Wie konnnte uns so etwas nur passieren?»

Es gibt wenige Plätze auf der Welt, an denen Menschen so empört reagieren. Sie sind vielleicht traurig, aber sie gehen nicht davon aus, ein Recht auf irgendeine Sonderstellung im Tierreich zu haben. Wir Amerikaner sind sehr wohl dieser Meinung, und das ist bezeichnend für uns.

Wir sollten dankbar sein, dass die Vereinigten Staaten noch nie ein Erdbeben erlebt haben wie das in der Türkei, das 20 000 Menschen tötete; oder einen Erdrutsch, wie den in Kolumbien, der mehr als 20 000 Menschen unter sich begrub. Die schlimmste Naturkatastrophe in den USA im letzten Jahrhundert war 1900 die Überschwemmung im texanischen Galveston, die 6000 Menschenleben forderte.

Wenn sich so eine Naturkatastrophe ereignet, erinnert sie uns für einen Moment an unsere relative Bedeutungslosigkeit. Nur Menschen, die sich selbst für Riesen halten, die die Erde beherrschen, müssen gelegentlich gezeigt bekommen, wie klein sie sind.

3

FEU

JER

«Wir sahen eine grüne Sonne. So ein Grün hatten wir weder zuvor noch haben wir es seitdem je wieder am Himmel gesehen. Wir erblickten Flecken und Muster am Himmel, die wie Grünspan aussahen und sich in extremes Blutrot oder in stumpfes Ziegelrot verwandelten. Im nächsten Moment ging die Farbe in ein trübes Kupferrot von schimmerndem Messing über... Fast die ganze westliche Hälfte des Horizonts war mit feurigem Karmesinrot überzogen. Mit der Zeit verloren die nördlichen und südlichen Gebiete ihren Schein, und das Grau der Nacht breitete sich von Norden her rasch aus. Der Osten war normal grau, und der Süden schloss sich an. Im Westen stieg ein Schein auf, der wie weiß glühender Stahl aussah. Er ging leicht in Rot über, als er zum Zenit aufstieg.»

Bericht des Krakatau-Komitees der Royal Society, 1888

Haraldur Sigurdsson

VUL

Die Menschen betrachteten Vulkane früher als eine Manifestation der bösen Mächte, die sich tief in der Erde versteckten. Götter, Giganten und Geister galten als Verantwortliche für Vulkanausbrüche und Erdbeben, vor allem in den vulkanisch aktivsten Regionen der Erde wie Polynesien, Indonesien, Island und Italien.

Für die Menschen der polynesischen Tonga-Inseln zum Beispiel hauste der große Held Maui, der Hüter des Feuers, in der Unterwelt. Er schlief in einer Höhle und wenn er sich im Traum umdrehte, bebte die Erde über ihm.

Sollte der Vesuv im Süden Italiens ausbrechen, würden die Anwohner des Bergs auch heute noch St. Gennaro anrufen. Dieser wurde einst den Löwen im nahe gelegenen Pozzuoli zum Fraß vorgeworfen. Sie weigerten sich, ihn zu fressen – doch das Wunder verschaffte ihm nur eine Atempause, denn die Römer köpften ihn später. Daraufhin wurde er zum Schutzpatron von Neapel.

Bis heute hält sich der Brauch, bei Anzeichen eines Vesuv-Ausbruchs die Reliquien St. Gennaros an den Fuß des Vulkans zu bringen, um die teuflischen Mächte in ihm zu besänftigen. Es heißt, dass das Blut des Heiligen – es wird in einer Viole in der Kathedrale von Neapel aufbewahrt – zweimal im Jahr flüssig werden soll. Im Mai und Dezember drehen Gläubige in einer Zeremonie das Gefäß um. Es gilt als gutes Omen, wenn das Blut darin am Glas entlangläuft; wenn nicht, steht ein Ausbruch bevor.

Die alten Griechen waren die Ersten, die Vulkanausbrüche als ein Entweichen der Winde im Inneren der Erde interpretierten. Hesiods Dichtung „Theogonie" beschreibt den Kampf zwischen Zeus und den Titanen, der einer früheren Beschreibung eines Vulkanausbruchs auf der Insel Thira (Santorin) erstaunlich ähnelt. Dieser war einer der

KANE

größten Ausbrüche, die sich je im Mittelmeerraum ereignet haben.

Die Römer nährten zuerst die Idee, dass im Inneren der Erde Verbrennungen stattfänden, die andere Materialien schmelzen ließen und so einen Ausbruch auslösten. Diese Theorie hielt sich bis ins 17. und 18. Jahrhundert, als Forscher bereits genauere Vorstellungen vom Inneren der Erde hatten.

Es ist erschreckend, dass wir heute immer noch nicht richtig vorhersagen können, wann es zum nächsten großen Ausbruch kommen wird. Alles was wir wissen, ist, dass sich alle 50 000 bis 100 000 Jahre eine „Supereruption" ereignet. Techniken wie die Radar-Interferometrie – ein Satelliten-Radar-System – können zwar die Erdoberfläche scannen, aber nicht die Vorgänge im Vulkan interpretieren.

Ein weiteres Problem ist, dass Geologen dazu neigen, nur solche Vulkane zu beobachten, die in der Vergangenheit ausgebrochen sind. Dies ist keine große Hilfe für Voraussagen, denn es kann gut sein, dass der zukünftige Supervulkan bislang noch nicht ausgebrochen ist. Der nächste explodierende Vulkan kann aber auch für einige tausend Jahre geruht haben oder ist noch gar nicht als Vulkan identifiziert worden – wie einst ein Berg in Papua Neuguinea. Niemand vermutete im Mount Lamington einen Vulkan, bis er 1951 ausbrach und viele Menschen tötete.

Um vergangene Ausbrüche miteinander zu vergleichen, bestimmen Wissenschaftler den Gehalt an ausgeschleudertem Material. Der Mount St. Helens sorgte weltweit für Schlagzeilen, weil er ein bis zwei Kubikkilometer ausstieß. Aber im historischen Vergleich war diese Eruption relativ klein. Fünfmal größer war die des Vesuv 79 n. Chr., mit ungefähr fünf Kubikkilometer ausgespiener Materie. Der Krakatau produzierte

Die Asche und Gase des Tambora verdunkelten die Sonne. Die Erde kühlte ab, was für mindestens drei Jahre zu Missernten führte.

nochmals doppelt so viel. Der Donner seiner Explosion war so laut, dass man ihn – wäre er in Boston ausgelöst worden – sowohl in London als auch in Los Angeles gehört hätte.

Der größte Ausbruch, der jemals in der Geschichte aufgezeichnet wurde, ereignete sich 1815 auf der indonesischen Insel Sumbawa. Der große Vulkan Tambora schleuderte 100 Kubikkilometer aus – zehn Mal so viel wie der Krakatau. 117 000 Menschen starben; ein Volk, das an den Berghängen lebte, wurde ausgelöscht. Der Tambora ist steil und schwer zu besteigen, aber es war faszinierend, seine Geschichte zu enträtseln und seine Aktivitäten in der Tiefe zu untersuchen. Damals bildeten seine Asche und andere Gase einen Schleier, der die Strahlen der Sonne verdunkelte. Die Erde kühlte ab, was für mindestens drei Jahre zu Missernten führte.

Die drei größten Eruptionen in Nordamerika in den vergangenen paar Millionen Jahren ereigneten sich im Yellowstone. Sie schleuderten so viel Magma aus, dass die Erdkruste über der Magmakammer unter dem Gewicht einbrach und Calderen entstanden. Yellowstone und Toba schleuderten rund 2000 Kubikkilometer Material aus, 20 Mal so viel wie der Tambora.

Wir können nur ahnen, wie sich ein solcher Ausbruch heute auf unsere hoch technisierte Gesellschaft auswirken würde. Wir wissen aber, dass er zu einer erheblichen Abkühlung der Erde führen würde. Asche, die in atmosphärischen Strömungen (im Jetstream) transportiert würde, brächte den Flugverkehr zum Erliegen. Die Telekommunikation würde zusammenbrechen, weil die Übertragungen von Satelliten gestört wären. Pyroklastische Ströme und Flutwellen, die sich über Tausende von Kilometern erstreckten, würden die Landwirtschaft vernichten und schließlich auch die politische Lage in den betroffenen Regionen destabilisieren.

DIE GRÖSSTEN FLUTBASALTE DER ERDE

Putorana-Plateau, Sibirien, Russland (2 Millionen km²)
Koordinaten: 64° 10′ 00″ N | 99° 55′ 00 O

Dekkan-Plateau, Indien (500 000 km²)
Koordinaten: 14° 00′ 00″ N | 77° 00′ 00″ O

Laki Basalt, Island (565 km²)
Koordinaten: 64° 04′ 00″ N | 18° 14′ 00″ W

Wenn Magma aus dem Erdmantel freigesetzt wird, ist es sehr heiß und dünnflüssig, weil es aus Gesteinen besteht, die leicht schmelzen. Sobald es aushärtet, bildet sich Basaltgestein.

Die beeindruckendsten Basalt-Lava-Ströme stammen nicht aus Vulkankegeln, sondern aus Spalten, die sich über einige Kilometer Länge erstrecken. Die größte Flutbasaltdecke der Erde, das Putorana-Plateau in Sibirien, entstand vor ungefähr 250 Millionen Jahren und bedeckt ein Gebiet, das größer ist als Europa. Das Volumen des Putorana-Plateaus in der Nähe der Stadt Tura in Nordrussland ist wahrscheinlich groß genug, um die gesamte Erdoberfläche mit einer drei Meter dicken Schicht zu bedecken. Diese Basaltdecke entstand in der Zeit, als auch das größte Artensterben in der Geschichte der Erde stattfand: Am Ende der Perm-Periode wurden nahezu 95 Prozent der Meereslebewesen und 70 Prozent aller Arten an Land ausgelöscht. Wissenschaftler vermuten deshalb, dass die Emissionen von Asche und Gasen durch ihre klimaverändernde Wirkung eine tödliche Rolle gespielt haben. Ebenfalls uralte Flutbasalte enthält das Dekkan-Plateau im westlichen Zentralindien (rechte Seite), das an manchen Stellen mehr als 2000 Meter dick ist. Es entstand vor ungefähr 65 Millionen Jahren.

Die beiden größten dokumentierten Ausbrüche, die Basaltdecken bildeten, ereigneten sich auf Island. Der erste fand 935 n. Chr. am Eldgja-Vulkan statt, der zweite 1783 am Laki – eine Eruption, die sechs Monate lang dauerte und die Atmosphäre deutlich abkühlte. 15 Kubikkilometer Magma flossen aus der Laki-Spalte; der vulkanische Dunstschleier verursachte einen stark sauren Regen, der die Ernten vernichtete und das Vieh vergiftete. Rund 9000 Menschen verhungerten – ein Fünftel von Islands Bevölkerung in jener Zeit.

Verglichen mit gewöhnlichen Vulkanausbrüchen sind Flutbasalt-Eruptionen (hier das Dekkan-Plateau in Indien) gigantische Ereignisse, sie ereignen sich aber selten: In den letzten 250 Millionen Jahren gab es nur acht. Sie werden durch Magmenströme aus dem unteren Erdmantel ausgelöst.

Auf dem Berg Ararat landete der Bibel zufolge die Arche Noah. Nach 40 Tagen und Nächten Sintflut fand Noah dort einen gesegneten, trockenen Flecken Land. Geologisch gesehen ist der Ararat ein rauer Ort. Der imposante

Basaltfels, der sehr an den Bug eines Schiffs erinnert, wurde von dem uralten Vulkan in den Araksbergen in der östlichen Türkei ausgespien. Somit ist er ein Zeichen der elementaren Urgewalt von Mutter Erde.

DER AKTIVSTE VULKAN DER ERDE

Stromboli
Lage: Liparische Inseln, Tyrrhenisches Meer, Italien
Koordinaten: 38° 47′ 00″ N | 15° 13′ 00″ O

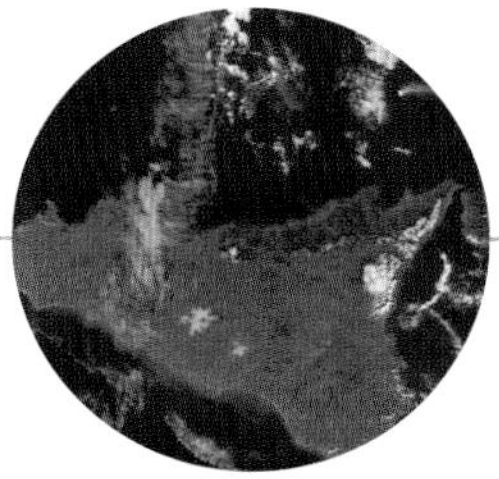

Auch wenn der Kilauea auf Hawaii wegen seines konstant anhaltenden Lavastroms eine Menge Aufmerksamkeit bekommt, ist er doch nur ein Rinnsal verglichen mit dem Lavastrom des Stromboli vor der Küste Süditaliens. Dieser erhebt sich 927 Meter über den Liparischen Inseln im Tyrrhenischen Meer, hat mehrere Krater und spuckt seit mehr als 200 Jahren Lava.

Er ist der heißeste Vulkan der Welt, stößt heiße Schwefeldämpfe aus, und stündlich ereignen sich kleine Gasexplosionen. Er schleudert glühende Asche und Lavabomben Hunderte von Metern hoch in die Luft und produziert manchmal kleine Lavaströme. Der Stromboli ist der Mittelpunkt alter Legenden. Die Inselbewohner verehrten den Vulkan als Feuergott und betrachteten ihr Land als den Wohnsitz des Windgotts Aeolus. Der Stromboli wird auch „Leuchtturm des Mittelmeers" genannt.

Trotz seines offensichtlichen Ungestüms sind die Ausbrüche des Stromboli nur selten gewaltig. 1919 starben allerdings vier Menschen, zwölf Häuser wurden durch glühende Felsbrocken zerstört, von denen einige 50 Tonnen wogen. 1930 kamen drei Menschen durch pyroklastische Ströme (heiße Gemische aus Gesteinsbrocken, vulkanischer Asche und Gasen sowie aufgeheizter Luft) ums Leben. Ein weiterer Mensch erlitt tödliche Verbrühungen beim Baden im Meer, nicht weit von der Stelle, wo die Lava ins Wasser floss. Bei solchen Explosionen wird fünfmal so viel Asche freigesetzt wie in fünf Jahren normaler Aktivität.

Der Stromboli (oben) ist seit mehr als 2000 Jahren aktiv. Der griechische Geograph Strabo beschrieb das nahe

gelegene Eiland Vulcano als «Insel des Feuers, deren Atem aus drei Kratern aufsteigt».

DER ÄLTESTE AKTIVE VULKAN DER ERDE

Ätna
Lage: Sizilien, Italien
Koordinaten: 37° 45′ 00″ N | 15° 00′ 00″ O

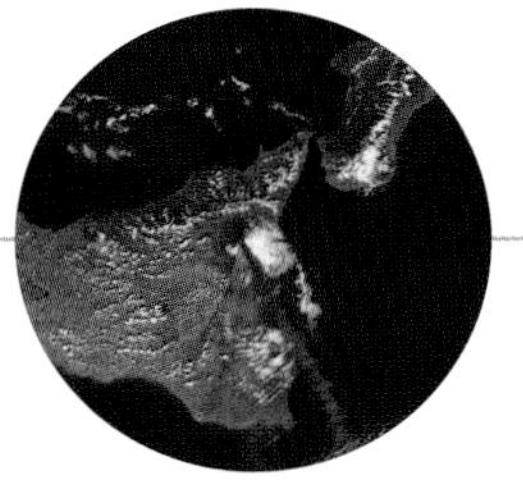

In vorchristlicher Zeit muss einer der Götter den Ätna so geärgert haben, dass seine Wut bis heute nicht verraucht ist. Seine Raserei inspiriert Dichter, Künstler und Historiker seit der Antike.

Mit rund 3353 Meter Höhe ist der Ätna (rechte Seite) auf Sizilien der höchste aktive Vulkan Europas. Sein Name kommt von dem griechischen Wort *aitho* für „ich brenne". Bereits 1500 v. Chr. wurde seine erste Eruption dokumentiert. Seitdem ist er mindestens 190 Mal ausgebrochen. Plato segelte 387 v. Chr. von Griechenland nach Sizilien, um den Ätna zu sehen. Über Odysseus wird berichtet, dass er den Felsbrocken, die ein Zyklop vom Gipfel des Ätna schleuderte, gerade noch entkam. Die Römer betrachteten ihn als Schmiede des Gotts Vulkan und Schlafplatz des Riesen Enceladus. Die Eruptionen galten als Zeichen seines Atems, Erdbeben entstanden durch seine Bewegungen. Von den späteren Ausbrüchen waren die in den Jahren 1169 und 1669 am zerstörerischsten. Den größten Schaden richteten aber nicht die glühenden Lavaströme, sondern die Erdbeben an. Die Ausbrüche ereigneten sich im oberen Teil des Bergs, wo sich die Lava langsam bewegt. Deshalb forderte der Ätna bislang nur selten Menschenleben und gilt als „freundlicher Gigant".

Bei einem Umfang von 150 Kilometern nimmt der Ätna eine Fläche von 1600 Quadratkilometern ein. Am Fuß des Bergs liegt eine subtropische Vegetationszone, in der Zitrusfrüchte, Bananen, Oliven und Feigen angepflanzt werden. In der gemäßigten Zone wachsen Wein und Steinfrüchte, weiter oben Esskastanien, Birken und Kiefern. Das Gebiet darüber ist mit Lava und Asche bedeckt, und auf dem Gipfel liegt fast ganzjährig Schnee. Aus dem Ätna steigt ständig Rauch auf. Seit 50 Jahren lässt sich eine zunehmende Aktivität des Vulkans beobachten.

Beim Ausbruch des Ätna im Juni 2001 wurde eine Aschewolke ausgeschleudert, die bis in die Sahara reichte. Die Lavafontänen schossen 400 Meter in die Luft und schleuderten Lavabomben in die Luft, die so groß waren wie Autos. Forscher beschrieben das Geräusch der kochenden Lava als ein «anhaltendes Knirschen, wie wenn Glas auf Glas reibt». Sie bemerkten «ein dumpfes Rumoren im Untergrund», das sie «in ihren Zähnen» spüren konnten.

DER GRÖSSTE AKTIVE VULKAN UND DER SCHNELLSTE LAVASTROM DER ERDE

Mauna Loa
Lage: Hawaii-Inseln (Big Island), Hawaii, USA
Koordinaten: 19° 28′ 56″ N | 155° 36′ 18″ W

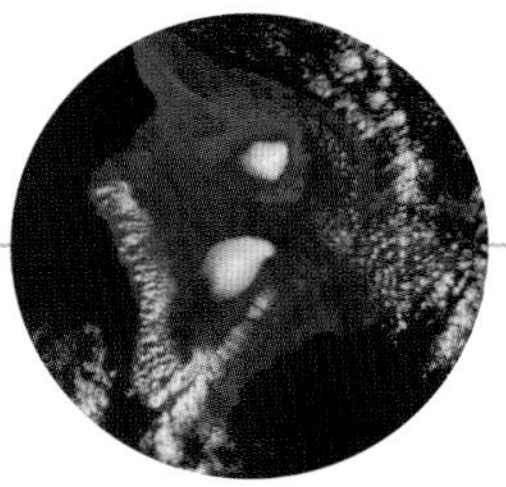

Der Mauna Loa ist mit einer Masse von 80000 Kubikkilometern der größte Berg der Erde, außerdem ist er der weltweit größte aktive Vulkan. Am aktivsten war er im Jahr 1881, danach ist er noch vier Mal ausgebrochen: 1942, 1949, 1975 und 1984. Sein Krater und seine Caldera sind die zweitgrößten der Welt. Sie bedecken ein Gebiet von 9,6 Quadratkilometern.

Nur 4196 Meter des Bergs liegen über dem Meeresspiegel, doch der Mauna Loa ist ein extrem breiter Schildvulkan. Er hat die für die Hawaii-Inseln typische Vulkanform, die entsteht, wenn heiße, dünnflüssige Lava aus Spalten in der Erdkruste austritt. Schildvulkane unterscheiden sich von den explosiveren, kegelförmigen Vulkanen wie dem Ätna. Es sind Berge aus Basalt mit sehr flachen Hängen. Seeberge oder Inseln, die aus Schildvulkanen entstanden, gründen tief unter der Meeresoberfläche und entwickeln sich langsam über Millionen von Jahren. Hawaiis Big Island setzt sich aus fünf verschiedenen Vulkanen zusammen, die ineinander übergehen und so eine einzige Insel bilden.

Im Jahr 1950 spie der Mauna Loa den am schnellsten fließenden Lavastrom aus, der je gemessen wurde: 9,3 Kilometer pro Stunde. Allerdings existierten solche Messmethoden noch nicht in den Zeiten, als sich einige der größten Vulkanausbrüche der Erde ereigneten – wie der zwölfstündige Ausbruch des Vesuv im Jahre 79 n. Chr. Damals wurden die Bewohner unter einer riesigen Schicht pyroklastischer Asche begraben, als sie um ihr Leben rannten.

«Wir laufen auf geschmolzener Lava, in der die Füße einer Fliege oder ein herabgefallenes Haar ihre Spuren hinterlassen. Die Masse härtet aus, und so bleibt jeder Abdruck für immer erhalten.»

Ralph Waldo Emerson

DER JÜNGSTE UND AM SCHNELLSTEN WACHSENDE VULKAN DER ERDE

Paricutín
Lage: Zentralmexiko
Koordinaten: 19° 28′ 00″ N | 102° 15′ 00″ W

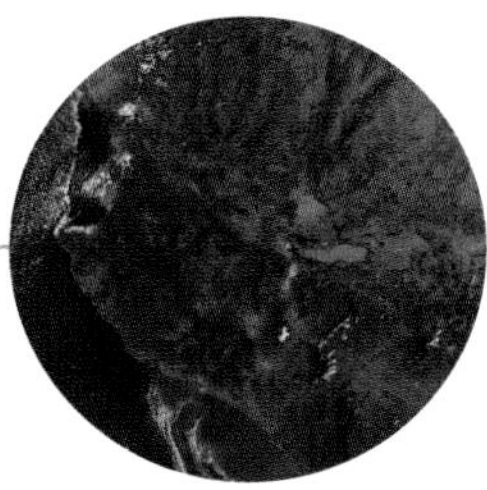

Die „Geburt" eines Vulkans kann schrecklich oder wunderschön sein, je nachdem wie man sie wahrnimmt – und aus welcher Distanz.

Am Nachmittag des 20. Februar 1943 begann sich der Vulkan Paricutín im mexikanischen Bundesstaat Michoacán zu erheben – mit gewaltigem Donnern, Asche, Schwefeldämpfen und Rauch. Auf dem ebenen Farmland zeigte sich plötzlich eine riesige Spalte. In der Erde tat sich ein Abgrund auf, aus dem ein Felsen schleuderndes Gebilde hervorkam, das in nur 24 Stunden 46 Meter hoch wuchs. Dass über Nacht ein Berg von der Höhe eines 15-stöckigen Hauses entstand, übertraf jegliches Vorstellungsvermögen. Doch es kam noch schlimmer. In der zweiten Nacht schleuderte der Vulkan glühende Gesteinsbrocken mehr als 305 Meter hoch, feurige Lavazungen schoben sich durch die umliegenden Maisfelder. In den darauf folgenden neun Jahren wuchs der Paricutín, indem er mehr als eine Milliarde Tonnen Lava ausspie – bis zum Februar 1952, als der Vulkan ebenso schnell verstummte, wie er ausgebrochen war.

So erlebte die moderne Welt erstmals die Entstehung eines lavaspeienden Bergs. Im ersten Jahr war sein Kegel 336 Meter hoch – ungefähr so hoch wie der Eiffelturm –, die Asche zerstörte und erstickte in der näheren Umgebung fast die gesamte Vegetation. Pyroklastische Asche begrub die Stadt San Juan Parangaricutiro und das Dorf Paricutín.

Der Paricutín durchdrang ein Feld und überraschte Anwohner und Wissenschaftler gleichermaßen. Doch zumindest ein Vorzeichen hatte es gegeben: Am Tag vor seiner „Geburt" erschütterten ungefähr 300 Erdbeben den Boden.

DER GRÖSSTE AKTIVE KRATER DER ERDE

Halemaumau-Krater auf dem Kilauea
Lage: Hawaii-Insel „Big Island", Hawaii, USA
Größe: 76 m breit, 122 m lang
Koordinaten: 19° 24′ 00″ N | 155° 17′ 00″ W

Eine hawaiianische Legende erzählt, dass die Feuergöttin Pele am Grunde des Halemaumau-Kraters am Kilauea lebt. In welcher Stimmung die Göttin gerade ist, lässt sich an der Menge der ausströmenden Lava ablesen. Der Krater wird auch als „Haus des immerwährenden Feuers" bezeichnet, weil er zwischen 1823 und 1924 vor allem ein brodelnder Kessel geschmolzener Lava war.

Der Halemaumau-Krater ist riesig. Von oben sieht er inzwischen aber nicht mehr wie ein dampfender Topf mit rotem Curry aus. Da er abgekühlt ist, erinnert er eher an eine Landschaft auf dem Mars: eine braune, felsige, überraschend weite Ebene. Sie umgibt eine rauchende Senke, die in der Mitte kohlschwarz ist. Besucher kommen sehr nah an den Krater heran, zu Fuß und auch mit dem Auto. Der Kilauea ist mit seinen vielen Kratern einer der aktivsten Vulkane der Welt. Mehr als 90 Prozent seiner Oberfläche sind von Lava bedeckt, die weniger als 1000 Jahre alt ist und kontinuierlich zwischen den Jahren 1823 und 1924 ausgespien wurde. Danach haben die Eruptionen nur einmal länger als vier Jahre ausgesetzt. Der momentane Lavastrom aus dem Magmenkanal des Pu'u O'o-Kraters fließt seit 1983 in Richtung der Stadt Kalapana. Es sieht nicht so aus, als würde er bald aufhören.

Der Pu'u O'o-Strom (rechte Seite) begann mit Stößen von glühender Lava, inzwischen hat er sich in einen konstanten Lavafluss verwandelt. Sein Volumen würde ausreichen, um eine vierspurige Autobahn längs durch die USA mit einer neun Meter dicken Lavaschicht zu bedecken.

DIE GRÖSSTEN VULKANAUSBRÜCHE DER ERDE

Yellowstone-Caldera: Nordamerika (vor ca. 2 Millionen Jahren)
Vesuv, Italien (79 n. Chr.): 40° 49′ 00″ N | 14° 26′ 00 O
Tambora, Indonesien (1815): 08° 14′ 00″ S | 117° 55′ 00″ O
Krakatau, Indonesien (1883): 06° 07′ 00″ S | 105° 24′ 00″ O
Mount Pelée, Martinique, Westindische Inseln (1902): 14° 48′ 00″ N | 61° 10′ 00″ W
Novarupta, Alaska, USA (1912): 58° 15′ 55″ N | 155° 09′ 29″ W

Niemand weiß, welcher der zahllosen Vulkanausbrüche auf der Erde der größte war. Als die Yellowstone-Caldera vor zwei Millionen Jahren ausbrach, wurden vermutlich eine Million Kubikmeter Asche, Schlacke, Felsen und Lava ausgeschleudert – in einer Wolke, die 25 Kilometer hoch in die Luft schoss, ungefähr dreimal so hoch wie der Mount Everest. Es soll die gewaltigste Explosion auf der Erde gewesen sein, aber die Zahlen beruhen nur auf Schätzungen.

Einer der gewaltigsten und tödlichsten Ausbrüche in der Geschichte war der des Vesuv bei Neapel (rechte Seite). Am Morgen des 24. August 79 n. Chr. begrub er Pompeji, Herculaneum und Stabiae unter Schlacke, Asche und Schlamm. Die massive zweiminütige Explosion erschütterte die Erde, schleuderte Felsen, vulkanisches Glas und Dampf aus und verursachte eine Lawine, die den Kegel zerstörte. Eine Wolke aus pyroklastischer Asche stieg auf, die so hoch war wie bei der Eruption der Yellowstone-Caldera, und Blitze, die durch die superheißen Aschewolken entstanden, lösten Waldbrände aus. Den ganzen Tag über fielen annähernd 540 Millionen Tonnen Asche auf ein Gebiet von 57 000 Quadratkilometern. Mindestens 16 000 Menschen starben, unter ihnen der römische Naturkundler und Schriftsteller Plinius der Ältere, der gekommen war, um den Ausbruch zu untersuchen. Der Vesuv, bis dahin 1277 Meter hoch, büßte an diesem Tag 400 Meter seiner Höhe ein.

Da der Vesuv häufig mit unterschiedlicher Stärke ausgebrochen ist, sind seine Flanken von Lavaströmen vernarbt; aber an den mit fruchtbarer Vulkanerde bedeckten unteren Hänge liegen viele Dörfer.

«Gebt mir den Federkiel eines Kondors!
Gebt mir den Krater des Vesuv als Tintenfass!»

Herman Melville

Lava, die von einem Vulkan herabfließt, ähnelt nicht immer einem trägen Fluss: Hier sieht sie wie eine Welle aus, die gegen die Küste

DIE TÖDLICHSTE ERUPTION AUF DER ERDE

Tambora
Lage: Sumbawa, Indonesien
Koordinaten: 08° 14′ 00″ N | 117° 55′ 00″ W

Zwischen dem 12. und 14. April 1815 starben 60 000 Menschen nach mehrfachen Ausbrüchen des Tambora. Weitere 82 000 kamen durch Hunger und Krankheiten um, die eine Folge der Explosionen waren. Das Jahr 1815 ging auf der ganzen Welt als das „Jahr ohne Sommer" in die Geschichte ein, weil Asche, vulkanisches Glas, Gesteinsstücke und giftige Gase den Himmel verdunkelten. Die Temperaturen sanken um einige Grade ab. In den Neuengland-Staaten der USA gab es im Juli und August eisigen Frost.

Ein weiterer Vulkanausbruch in Indonesien wurde der Zweittödlichste in der Geschichte: Zwischen dem 26. und 28. April 1883 erschütterte eine Serie gewaltiger Detonationen die Insel Krakatau, insgesamt dauerte der Ausbruch 20 Stunden und 56 Minuten. Die Explosion war so laut, dass sie noch in 4800 Kilometer Entfernung zu hören war. Sie hatte die Kraft von 223 Millionen Tonnen des Sprengstoffs TNT. Der Krakatau schleuderte so viel Staub in die Atmosphäre, dass die Sonnenuntergänge rund um den Globus noch zwei Jahre später rot gefärbt waren.
Nach Schätzungen soll der Krakatau Materie 48 Kilometer hoch in die Stratosphäre geschleudert haben, so dass noch Wochen nach der Eruption Schiffe im Umkreis von 3200 Kilometern von dem Staub bedeckt wurden. Schutt wurde quer über den Indischen Ozean bis nach Madagaskar gestreut, und der Ausstoß von Asche und Lava war so groß, dass neue Inseln rund um Krakatau entstanden.

Die pyroklastischen Ströme am ersten Tag des Ausbruchs kosteten mindestens 2000 Menschen das Leben. Am folgenden Tag stürzte der Gipfel des Vulkans auf 305 Meter unter dem Meeresspiegel ein und setzte die Insel unter Wasser. Dadurch starben weitere 3000 Menschen. Dieser Kollaps löste einen 37 Meter hohen Tsunami (Flutwelle) aus, der mehr als 31 000 Menschen ertränkte, als er gegen die indonesischen Inseln Java und Sumatra prallte. 45 Jahre später, 1928, entstanden bei weiteren Eruptionen die Inseln Anak Krakatau, Rakata, Rakata Kecil und Sertung.

Nach der erderschütternden Explosion des Krakatau im Jahr 1883 rumorten von 1928 an kleinere Ausbrüche in der Sundastraße und schufen nach und nach neue Inseln. Anak Krakatau, „das Kind des Krakatau", entstand im Laufe von 45 Jahren. Er misst nun zwei Kilometer im Durchmesser und bricht ungefähr alle 20 Minuten einmal aus

DIE TÖDLICHSTEN VULKANAUSBRÜCHE DES 20. JAHRHUNDERTS

Die Vulkanausbrüche des 20. und beginnenden 21. Jahrhunderts haben ihre Vorgänger bislang nicht geschlagen. Der Ausbruch, der die meisten Todesopfer forderte, war der des Mount Pelée auf der Westindischen Insel Martinique. Am 8. Mai 1902 tötete er 29500 Menschen – fast auf einen Schlag. Das war die Folge einer *nuée ardente*, einer Glutwolke aus vulkanischem Staub und superheißen Gasen, die sich mit einer Geschwindigkeit von 160 Kilometern pro Stunde ausbreitete. Der Pelée brach nur einen Tag nach einer gewaltigen Eruption des Soufrière auf der nahe gelegenen Insel St. Vincent aus. Er verteilte eine dicke Schicht vulkanischer Asche über eine große Fläche Land, die sich in Ödnis verwandelte.

Verglichen damit war der Ausbruch des Nevado del Ruiz in Kolumbien am 13. November 1985 relativ klein. Es schmolzen aber ungefähr zehn Prozent der Eiskappe des Vulkans ab, wodurch es zum tödlichsten Erdrutsch in der Geschichte kam: Eine Schlammlawine begrub 18000 Menschen.

Der größte Vulkanausbruch des 20. Jahrhunderts ereignete sich vom 6. bis 9. Juni 1912 in Novarupta in Alaska. Er dauerte mehr als 60 Stunden und schleuderte 30 Kubikkilometer Asche aus. Sie schüttete einige Dörfer an der Südostküste Alaskas zu, aber die Menschen konnten rechtzeitig evakuiert werden. Eine mindestens ein Meter dicke Schicht vulkanischer Asche ließ die Hausdächer in der Stadt Kodiak einstürzen – mehr als 160 Kilometer vom Zentrum des Ausbruchs entfernt. Die Asche erstickte die Vegetation, verstopfte Flüsse, zerstörte die lokale Fischindustrie und ließ Vögel, Bären und andere Tiere erblinden.

«Wenn sich die Schwefel- und Chlorgase aus dem Vulkanschlot mit der feuchten Luft mischen, entstehen schwefel- und chlorhaltige Niederschläge, die sehr zerstörerisch wirken. Am ersten Tag verlor das TV-Team sieben Kameras, nur weil sie der Luft ausgesetzt waren. Die Säure verätzte sogar meine Brillengläser. Doch weil diese relativ starke Säure in Form von Regen fiel, wurde man richtig sauber. Sie löste die oberste Schicht der Haut ab.»

Der Schriftsteller Donovan Webster auf dem Vulkan Ambrym, Südpazifik

DIE TÖDLICHSTEN DOKUMENTIERTEN VULKANAUSBRÜCHE DER ERDE

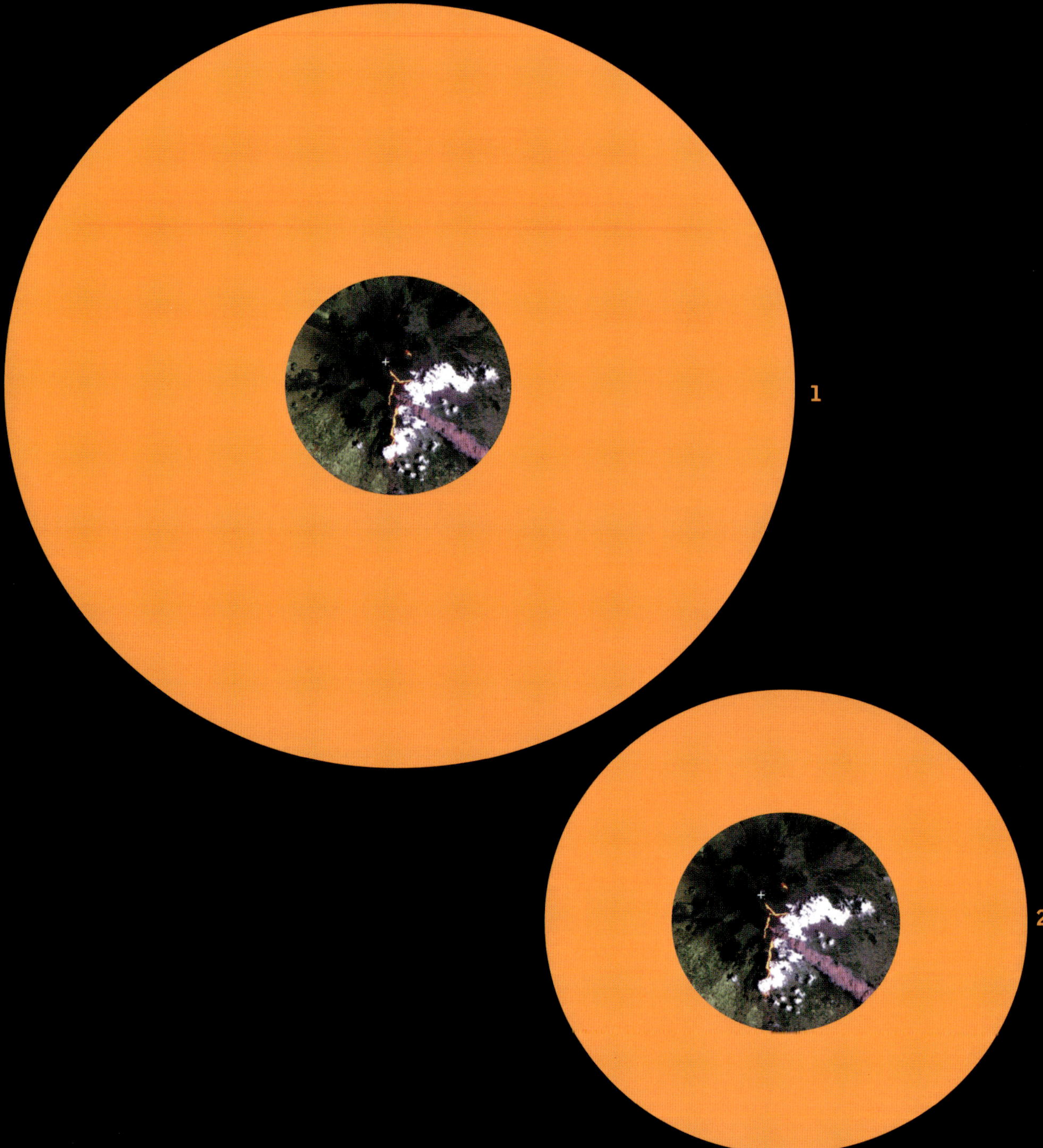

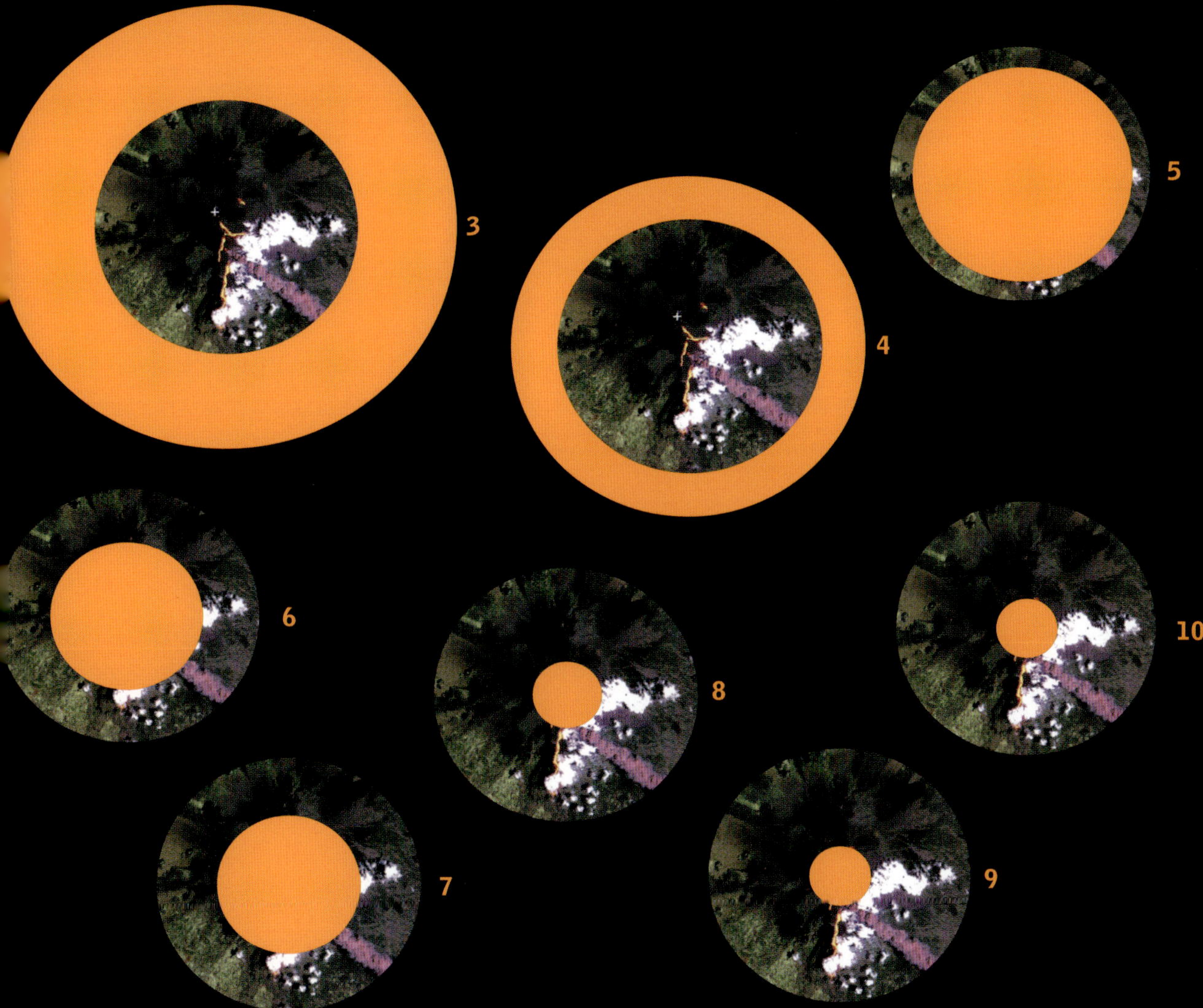

1 TAMBORO, INDONESIEN | 1815 | 60 000 TOTE | URSACHE: HUNGER UND KRANKHEITEN
2 KRAKATAU, INDONESIEN | 1883 | 36 417 TOTE | URSACHE: TSUNAMI
3 PELÉE, MARTINIQUE | 1902 | 29 500 TOTE | URSACHE: ASCHEREGEN
4 NEVADO DEL RUIZ, KOLUMBIEN | 1985 | 23 080 TOTE | URSACHE: SCHLAMMFLUTEN
5 UNZEN, JAPAN | 1792 | 14 524 TOTE | URSACHE: TSUNAMI
6 KELUT, INDONESIEN | 1586 | 10 000 TOTE | URSACHE: SCHLAMMFLUTEN UND ASCHEREGEN
7 LAKI, ISLAND | 1783 | 9350 TOTE | URSACHE: HUNGER
8 SANTA MARIA, GUATEMALA | 1902 | 4500 TOTE | URSACHE: KRANKHEITEN
9 GALUNGGUNG, INDONESIEN | 1882 | 4011 TOTE | URSACHE: ASCHEREGEN
10 VESUV, ITALIEN | 1631 | 4000 TOTE | URSACHE: ASCHEREGEN

DIE GRÖSSTE ANSAMMLUNG VON „LAVABÄUMEN“

Kilauea
Lage: Hawaii-Insel „Big Island“, Hawaii, USA
Koordinaten: 19° 24′ 00″ N | 155° 17′ 00″ W

Lavabäume entstehen, wenn heiße Lava um einen Baumstamm herum abkühlt. In dem Moment, in dem die Lava den Baum überflutet, bringt sie das Wasser in seinem Inneren zum Kochen. Es tritt als Wasserdampf aus und kühlt die Lava ab, die aushärtet, bevor der Baum ganz verbrennt. Der größte Wald aus Lavabäumen der Welt befindet sich im Lava Tree State Monument im Nanawale Forest Reserve. Dort floss 1790 ein Lavastrom durch einen Wald aus Eisenholzbäumen. Die Lava trat aus der östlichen Riftzone des Kilauea aus, umspülte die Bäume, kühlte ab und formte Hüllen über den brennenden Baumstämmen.

Lavabäume oder versteinerte Stämme einst lebender Bäume sehen aus wie Druiden, die in sich gekehrt durch den Wald wandeln, scheinbar auf der Suche nach einem Heilmittel, das sie wieder zum Leben erwecken könnte. Die Stämme in dem Park haben etwas Gespenstisches. Sie erinnern an die Aschehüllen der Menschen von Pompeji, die von den dichten Aschewolken des Vesuv-Ausbruchs im Jahr 79 n. Chr. überrascht und fixiert worden sind. Lavabäume sind nicht die einzigen fantastischen Anblicke im östlichen Hawaii. Nicht weit entfernt, in Pahoa, gibt es eine Formation mit dem Namen „Peles Haar“. Pele ist die hawaiianische Göttin des Feuers, und ihr „Haar“ besteht aus langen, zerbrechlichen Strängen gehärteter Lavakristalle, die fließenden Locken gleichen.

DAS ABWECHSLUNGSREICHSTE VULKANMASSIV DER ERDE

Tongariro
Lage: Nordinsel von Neuseeland
Koordinaten: 39° 17′ 27″ S | 175° 33′ 44″ O

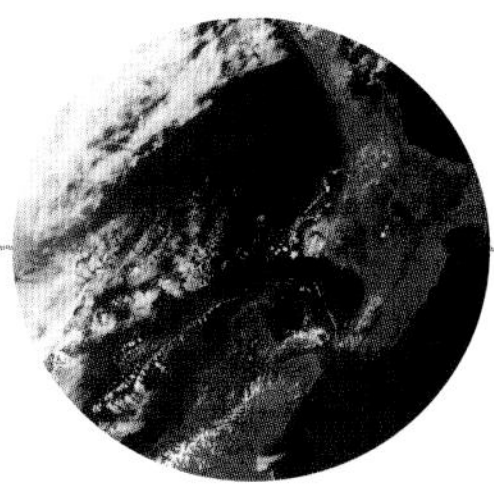

Das bunte, an den Mond erinnernde Vulkanmassiv des Tongariro auf der Nordinsel Neuseelands wirkt so spektakulär, als wäre es nicht von dieser Welt. Ein giftiger, türkisblauer Bergsee ist von verwitternden, sandfarbenen Hügeln umgeben. Das Tongariro-Massiv umfasst mehrere Vulkankegel, der Tongariro selbst liegt auf 1968 Meter Höhe. Er ragt aus einer weiten, kreisförmigen Ebene, die aus Schutt- und Schlammströmen sowie Lava und Ascheresten entstanden ist. Die Landschaft aus öden Lavaströmen, winterlichen Schneefeldern, heißen Quellen und aktiven Kratern bildet reizvolle Kontraste. Die Vegetation wirkt regelrecht prähistorisch, und niemand kann so recht erklären, wie es die Pflanzen schaffen, sich auf dem kümmerlichen Bimssteinboden zu behaupten.

Tongariro ist Neuseelands erster Nationalpark und Weltnaturerbe. Für die einheimischen Maori bildet er den kulturellen und religiösen Mittelpunkt. Ein Schöpfungsmythos erzählt, dass ein Vorfahre der Maori, Ngatoroirangi, nach der Erforschung dieser Bergregion dem Tode nahe war. Er rief nach seinen Schwestern in der Heimat, der mystischen Pazifikinsel Hawaiiki, dass sie ihm Feuer senden. Als ihm das Feuer gebracht wurde, hinterließ es eine feurige Spur vulkanischer Schlote in diesem fantastischen Massiv.

Der Tongariro-Nationalpark beherbergt eine bizarre Landschaft aus aktiven Vulkanen, Kraterseen und erstarrten Lavaströmen. Der höchste Berg im Park ist der Ruapehu mit 2796 Meter Höhe. Nördlich von ihm liegt der Ngauruhoe (2290 Meter), ein aktiver Vulkan. Am Tongariro (1968 Meter) beeindrucken besonders die farbigen Aschen.

DIE VULKANISCHSTE ZONE DER ERDE

Feuerring, rund um den Pazifischen Ozean
Verschiedene Koordinaten

Ein Ring aus mehr als 300 Vulkanen umfasst beinahe den gesamten Pazifischen Ozean: von den Südpazifischen Inseln bis Indonesien, Japan, Alaska, Nordwestamerika, Mexiko, Zentralamerika und Südamerika. Er markiert den Übergang des Ozeanbodens zu den Kontinentalplatten der Erde und enthält mehr als die Hälfte aller aktiven Vulkane, die über dem Meeresspiegel liegen.
Die Zone ist für häufige Erdbeben und Vulkanausbrüche berüchtigt. Mitten in diesem Feuerring – in der Mitte des Pazifischen Ozeans – liegt der hawaiianische „Hot Spot", die Heimat einiger der weltweit aktivsten Vulkane. Ein Hot Spot ist eine extrem heiße Region tief in der Erde.
Häufig öffnet sich an solchen Plätzen eine Spalte, aus der geschmolzenes Gestein aufsteigt und bis zur Meeresoberfläche vordringt. Dieser Feuerring ist nicht die einzige vulkanisch aktive Meeresregion der Erde; eine weitere existiert entlang der Riftzone unter Island.

Ein Vulkanausbruch auf der indonesischen Insel Sulawesi: Im Pazifik zeigt sich immer wieder, dass Feuer und Wasser gegensätzliche Elemente sind. Die seismische Instabilität in diesem vulkanischen Feuerring löst auch die mächtigen Tsunamis aus. Erdbeben und Ausbrüche bewirken einen Rückstoß im Wasser, dessen Riesenwellen Tausende von Kilometern entfernt verheerende Schäden anrichten

Der Mount St. Helens vor und nach seinem Ausbruch 1980: links mit weiß gekröntem Gipfel, rechts nur noch eine „kopflose", ausgebrannte Ruine, nachdem der Berg riesige Mengen von Gestein und wirbelnder vulkanischer Asche in die Stratosphäre geschleudert hatte. Vor dem Ausbruch beobachteten Wissenschaftler ein Aufblähen des Mount St. Helens durch Magma und Gase. Selten haben Eruptionen

der jüngsten Vergangenheit die titanischen Kräfte von Druck und Hitze so klar demonstriert. Tief im Inneren der Erde bauen sie sich auf und kochen hoch, bis sie an die Erdoberfläche dringen. Die buchstäbliche „Enthauptung" des Mount St. Helens erinnert uns daran, dass Landschaften, die wir kennen und unser Leben lang geliebt haben, sich beinahe über Nacht verändern können.

Der Mount Bromo auf Java (oben) gehört zu den meistverehrten und schönsten Vulkanen der indonesischen Insel. Der Name kommt von Betara Bromo, dem Gott des Feuers. Jedes Jahr opfern die Menschen der Kejawen-Sekte – hier vermischen sich die Religion der javanischen Ureinwohner und der Islam – Früchte, Gemüse, Reis und Fleisch, um den Gott des Feuers gnädig zu stimmen. Java ist

übersät von schneebedeckten Vulkanen, die wie weiße Wolken über grünen Reisfeldern und Palmen aufragen. Einer von ihnen ist der Borobodur in der Nähe von Yogyakarta. Der „Berg der tausend Buddhas" birgt einen der größten Tempel Südostasiens. Steinreliefs, die sich über vier Etagen ziehen, erzählen Geschichten aus dem Leben Buddhas. Der Borobodur ist von Vulkangipfeln umgeben

4

WAS

SSER

«Plötzlich erhob sich ein schrecklicher Lärm. Wir sahen in der Ferne ein großes schwarzes Etwas auf uns zukommen. Es war sehr hoch und massiv, und bald wurde uns klar, dass es Wasser war. Innerhalb von Sekunden wurden Bäume und Häuser hinweggespült. Nicht weit von uns entfernt lag ein steiler Hang. Wir rannten darauf zu und versuchten, hinaufzuklettern, um dem Wasser zu entkommen. Doch die Welle war für die meisten zu schnell. Die Menschen unten versuchten die weiter oben voranzutreiben, indem sie in deren Fersen bissen, aber sie konnten dem Tod nicht entrinnen. Für kurze Zeit kam es zu einem heftigen Kampf, doch einer nach dem anderen wurde davongespült und von den tosenden Wassern weggetragen. Man kann immer noch die Spuren an dem Hang sehen, wo der Kampf ums Überleben stattgefunden hat.»

A. Scarth, ein Landarbeiter aus Java, der im Jahr 1999 den Tsunami in der Lampong Bay in Indonesien überlebte.

DIE GEWALTIGSTEN TSUNAMIS DER ERDE

DER HÖCHSTE: Lituya Bay, Alaska, USA (1958): 58° 38′ 13″ N | 137° 34′ 23″ W

DER SCHNELLSTE: Hilo, Hawaii, USA (1946): 19° 43′ 47″ N | 155° 05′ 24″ W

DER TÖDLICHSTE: Sumatra, Indonesien (2004): 03° 33′ 00″ N | 95° 08′ 00″ O

Am 26. Dezember 2004 ereignete sich vor der Nordwestküste Sumatras ein Erdbeben, das zu den stärksten gehört, die jemals aufgezeichnet wurden. Der dadurch ausgelöste Tsunami forderte schätzungsweise 230 000 Menschenleben und richtete verheerende Schäden an den Küsten Südasiens und im Golf von Bengalen an. Selbst in Ostafrika gab es Todesopfer zu beklagen.

Tsunamis sind eine Serie von Meereswellen, die durch sehr starke Bewegungen des Meeresbodens während eines Erdbebens oder Vulkanausbruchs verursacht werden. Die Wellen breiten sich vom Ort der Störung in weiten Kreisen aus und können große Strecken mit Geschwindigkeiten von mehr als 800 Kilometern pro Stunde zurücklegen.

Im Pazifik können sich Tsunamis in fünf Kilometer Tiefe durch das Wasser bewegen, wobei sie nur ein Meter hohe Wellen verursachen. Doch wenn sie flache Gewässer in Küstennähe erreichen, türmen sie sich zu Wasserwänden von mehr als 30 Meter Höhe auf. Nach Angaben des US Navy Meteorology and Oceanography Command erreichte der höchste Tsunami aller Zeiten 64 Meter – die Höhe eines 18-stöckigen Hauses – und traf die sibirische Halbinsel Kamtschatka im Jahr 1737. Aber ein noch größerer Tsunami wurde am 9. Juli 1958 durch einen gewaltigen Erdrutsch am Kopf der Lituya Bay an der Südküste von Alaska ausgelöst. Mit einer furchterregenden Höhe von mehr als 500 Metern war das die größte Superwelle, die je gemessen wurde.

Der Tsunami mit der höchsten Geschwindigkeit wurde durch ein Erdbeben in Alaska ausgelöst. Er raste am 1. April 1946 mit mehr als 700 Kilometern pro Stunde auf Hilo, Hawaii, zu. Als 1960 ein weiterer Tsunami über die Stadt hereinbrach, ließ die Verwaltung einen acht Meter hohen Schutzwall bauen. Forscher sind inzwischen noch gigantischeren Wellen auf der Spur, so genannten Mega-Tsunamis, die durch massive Erdrutsche ins Meer ausgelöst werden.

Ellen MacArthur

OZEAN

Auch wenn ich noch so viele Jahre auf den Ozeanen verbracht habe, verstehe ich doch nur einen Bruchteil von ihrer Schönheit und Macht. Die Meere bedecken drei Viertel der Erdoberfläche, ihre Tiefen zählen zu den wenigen unerforschten Gebieten der Erde. Der Marianengraben liegt zum Beispiel zehn Kilometer tief unter der Wasseroberfläche. Er ist die tiefste Stelle der Erde – tiefer, als der Mount Everest hoch ist.

Vom Bermuda-Dreieck bis zu dem sagenumwobenen Gewässer zwischen dem mythischen Felsen an der Spitze Südamerikas und der Antarktischen Halbinsel – die Ozeane gehören zu den abwechslungsreichsten Lebensräumen der Erde. Jeder erscheint wie ein anderer Planet, mit einer eigenen Landschaft, Temperatur und seinem eigenen Licht. Ganz zu schweigen von den Farben: dem Azurblau und Türkisgrün der Karibik, dem fast schwarzen Tintenblau des Golfstroms, dem Grau des Polarmeers, das wunderbar durch hellblaue Streifen unterbrochen wird. Hier folgen auf die Wellen meist riesige Brecher mit Schaumkronen, doch dann laufen sie so seltsam ruhig aus und verschwinden, eine weiße Fläche in ihrem Kielwasser hinterlassend.

Auch ich kann die Bewegungen des Meeres nicht prophezeien. Die Erfahrung hat mich nur gelehrt, sie etwas genauer vorherzusagen. Sie hat mich auch gelehrt, dass in erster Linie die Winde über dem Ozean für die wechselnden Stimmungen des Wassers verantwortlich sind. Wenn Ozeane bisweilen furchterregend und unvorhersagbar sind, liegt das zum größten Teil daran, dass sie immer auf das Wetter, das über sie hinwegzieht, reagieren oder auf das Land, das ihre Grenzen bildet.

Das Wetter war jüngst nicht auf unserer Seite. Am Anfang des Trips waren wir mit totaler Windstille konfrontiert, was einen viel verrückter machen kann als Unwetter und Stürme. Doch dann, nach einer Woche, gerieten wir in die Ausläufer des Hurrikans „Bertha", der über die Ostküste von Nordamerika hinweggefegt war.

Es war mein erster richtiger Sturm auf See. Der klare Himmel verschwand hinter dicken schwarzen Wolken, das hellblaue Wasser verfärbte sich zu einem seltsamen Grau, die letzten wärmenden goldenen Sonnenstrahlen wurden von einem überhandnehmenden Dunst verschlungen.

Der Sturm schlug zu, er dauerte mehr als zwei Tage. Ich war überwältigt von der Größe und Gewalt der Wellen. Die Yacht stürzte regelmäßig von den Wellen ab und wurde in sie hineingeschmettert, so dass durch den gesamten 18-Meter-Rumpf ein Zittern lief. Wenn ich am Steuerruder war, fühlte ich, wie ich Geschwindigkeit aufnahm und versuchte, den besten Weg durch die Dünung zu finden. Ich erreichte eine Geschwindigkeit von 19,54 Knoten – meine Höchstgeschwindigkeit. Das war mehr ein Ergebnis des hohen Seegangs als der Windstärke von 40 Knoten, die uns vorantrieb.

Am Steuerruder suchte ich nach dem Kurs, der das beste Tempo erbringen würde. Wenn das Boot rollte, hingen die Taue unnütz unter dem Mast wie eine Bühnendekoration. Die Bugwelle wuchs und schuf einen Schwebezustand ähnlich einer Fahrt auf dem Rummelplatz. Wenn die Bugwelle zusammenbrach, begann das Boot zu vibirieren und schoss vorwärts, wie von einer Turbine getrieben. Es schien eine Ewigkeit, bis es das nächste Wellental erreichte.

Als die Yacht einmal langsamer wurde, schleuderte eine weitere große Welle das Heck herum. Ich nahm all meine Kräfte zusammen. Die Füße gegen die Fußreling gestemmt, kämpfte ich in diesem Moment wirklich darum, das Boot zu stoppen. Es krängte, und wieder befand ich mich bis zu den Knien im Wasser.

Um 4.30 Uhr übergab ich das Steuerruder an Alan, meinen einzigen Gefährten auf Hunderten von Kilometern. Ich ging nach unten, um meine Stiefel auszuleeren. Meine Füße waren klatschnass, meine Beine zitterten vor Kälte.

Die Menschen glauben mir kaum, wenn ich erzähle, dass eine der größten Gefahren auf See das Land ist. Das Meer wird wütender, wenn es das flache Wasser vor der Küste erreicht; es wird gewaltiger, wenn sein Freiraum eingeengt wird.

Man darf die See niemals unterschätzen oder ihr den Respekt verweigern. Falls ich mich jemals dabei ertappen sollte, ihr gegenüber zu selbstgefällig sein, weiß ich, dass ich das Segeln aufgeben muss.

DIE GRÖSSTE UNTERMEERISCHE DOLINE DER ERDE

Blue Hole
Lage: Lighthouse Reef, Belize
Größe: 300 m Durchmesser | ungefähr 137 m tief
Koordinaten: 17° 15′ 00″ N / 87° 30′ 00″ W

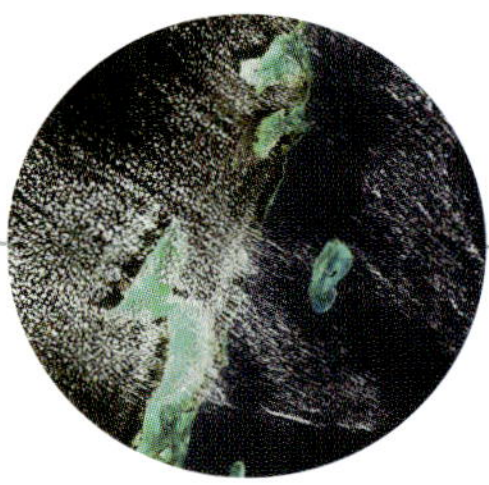

Von oben gesehen sieht das Blue Hole aus wie ein Auge der Erde, das alles sieht: eine indigoblaue Iris, umgeben von einer smaragdgrünen See. Das Geheimnis hinter (oder unter) dieser Erscheinung ist der Karst – ein Gebiet mit einem Untergrund aus weichem Kalkstein, der wie eine Bienenwabe von Dolinen (Einsturztrichtern), unterirdischen Flüssen und Höhlen durchsetzt ist. Der Begriff stammt aus der Karstregion in Jugoslawien, die von unzähligen Dolinen durchsetzt ist. Die spektakulärste Karsterscheinung der Erde, das Blue Hole, liegt auf der anderen Seite des Globus, 80 Kilometer vor der Küste von Belize.

Die Doline entstand vor 15 000 Jahren, als Gletscher den größten Teil von Europa und Nordamerika bedeckten. Als die Eiszeit zu Ende ging und der Meeresspiegel anstieg, wurden viele verkarstete Höhlensysteme überflutet und stürzten mit der Zeit ein. An Land bildeten sich dadurch einige Senken oder Höhlen im Untergrund. Doch es entstanden noch spektakulärere Formationen. So ist das Blue Hole das Ergebnis eines großen Höhleneinsturzes. Es wurde von Jacques Cousteau im Jahr 1970 entdeckt. Seitdem ist es eine Pilgerstätte für Taucher. Sie vergleichen das Erlebnis, unter den flachen Rand zu tauchen, um eine Höhle voll mit Stalaktiten und Stalagmiten zu entdecken, mit dem Nervenkitzel, in einen Minenschacht zu tauchen. Wer es geschafft hat, klebt sich gern den Aufkleber «Ich tauchte im Blue Hole» auf sein Gepäck.

DAS LÄNGSTE KORALLENRIFF DER ERDE

Das Great Barrier Reef
Lage: Nordostküste von Australien
Größe: 2012 km lang | Fläche: 350 000 km²
Koordinaten: 18° 00′ 00″ S / 146° 50′ 00″ O

Es ist nicht das „größte Lebewesen der Erde", wie es manchmal genannt wird. Aber die regenbogenfarbenen Korallenbänke, die sich an Australiens Nordostküste erstrecken, sind trotzdem in vielerlei Beziehung lebendig.

Das Great Barrier Reef ist ein Zusammenschluss von 2100 einzelnen Riffen und 800 Riffanhängseln, die sich über Millionen von Jahren aus den Skeletten mariner Organismen gebildet haben. Die Bausteine des Riffs entstanden aus den Überresten winziger Lebewesen: Korallenpolypen und Hydrokorallen. Der Mörtel, der alles zusammenhält, besteht hauptsächlich aus Algen und mikroskopisch kleinen Pflanzen. Darüber strömt klares Wasser mit einer Temperatur zwischen 21 und 38 Grad. Die Vielfalt von Meerestieren ist einzigartig: Anemonen, Quallen, Schwämme, Würmer, Schnecken, Hummer, Krebse, Krabben, Garnelen und mehr als 2000 Fischarten, 4000 Muschelarten und sechs der weltweit sieben Arten von Meeresschildkröten.

Entlang der Verstecke und Schlupfwinkel des Riffs patroullieren Weißspitzen-Riffhaie. Doch leider bieten sie keinen Schutz vor den Gefahren, die das Great Barrier Reef bedrohen. Überfischung, das Eindringen fremder Arten, Bohrungen nach Erdöl, Korallensammler und massiver Tourismus bedrohen das Ökosystem. Eine der größten Sorgen verursacht die Korallenbleiche, bei der die Korallen ihre symbiontischen Algen verlieren und weiß werden; die Ursache ist ungewöhnlich warmes Wasser. Selbst ein leichter Anstieg der Temperatur, zum Beispiel durch die globale Erwärmung, kann den Korallen zum Verhängnis werden. Ihre Vielfalt und Farbenpracht ist einmalig auf der Erde. Wie lange wir uns noch daran erfreuen können, hängt von uns selber ab.

DAS GRÖSSTE ATOLL DER ERDE

Kiritimati
Lage: Östliches Kiribati, Südpazifik
Koordinaten: 01° 52′ 00″ N | 157° 25′ 00″ W

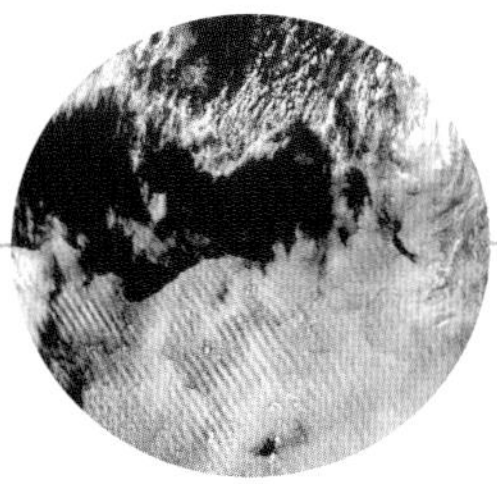

Kiritimati, auch als Weihnachtsinsel bekannt, ist das größte Atoll der Erde mit einer Landfläche von 575 Quadratkilometern und einer Bevölkerung von weniger als 3000 Menschen. Seine Geschichte ist vom Imperialismus geprägt. Im Jahr 1777 wurde es von Kapitän James Cook entdeckt. Verhängnisvoller waren die Atombomben, die 1957 und 1958 von den Briten und 1962 von den Amerikanern über dem Atoll gezündet wurden.

Atolle entstehen, wenn ein Vulkan auf dem Meeresboden ausbricht. Mit der Zeit durchbricht die Lava die Wasseroberfläche und bildet eine Insel. Direkt unter der Wasserlinie beginnen Korallen, ein Kalksteinriff zu bilden. Dieses wächst über Millionen von Jahren, selbst wenn der Vulkan unter ihm wieder absinkt. Manchmal zerbrechen Wellen das ringförmige Riff, spülen Sand über die verbleibenden Korallen und schaffen so eine Insel. Das größte Korallenatoll der Welt ist Lifou (Lifu). Es gehört zu den Loyaltyinseln in Neukaledonien und misst 1,146 Quadratkilometer. Die Bewohner von Kiritimati sind vor allem Mikronesier, abgesehen von einer kleinen Gruppe Polynesier von Tuvalu und anderen Einwanderern. Copra-Plantagen und Fischfang gehören zu den wichtigsten Einnahmequellen. Manche Insulaner rühmen sich, niemals ihre Welt verlassen zu haben, und es gibt viele gute Gründe zu bleiben: lange weiße Korallenstrände, die von Kokospalmen gesäumt sind, und Dörfer inmitten von üppigem Grün, die nach weit entfernten Orten und Ländern wie London, Polen, Paris benannt sind oder – viel naheliegender – Banana heißen.

«Die Koralle soll nur unter Wasser blühn,
Wo keiner sieht, welch Muster sie uns schenkt.»

Philip Larkin

DIE AM SCHNELLSTEN VERSINKENDEN INSELN DER ERDE

Die Malediven
Lage: Nördlicher Indischer Ozean
Koordinaten: 03° 12′ 00″ N | 73° 00′ 00″ O

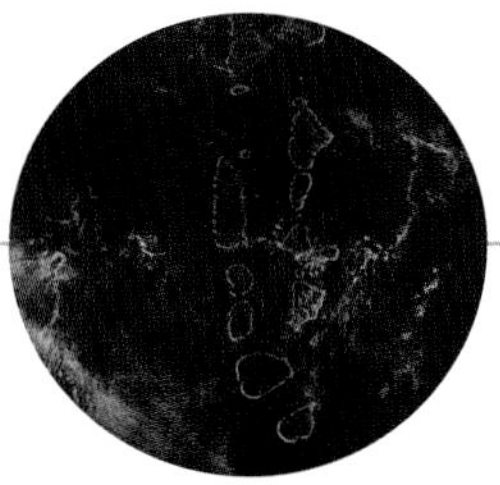

Die Ozeane bedecken fast drei Viertel der Oberfläche unseres Planeten. Die verbleibenden 29 Prozent – das Land über dem Meeresspiegel – sind alles, woran wir uns festhalten können. Aber der weltweite Klimawandel verringert diesen kleinen Anteil noch, weil die Polkappen schmelzen und der Meeresspiegel ansteigt – zur Zeit zwei bis vier Zentimeter pro Jahr. Die flachsten Inseln der Erde werden innerhalb der nächsten 50 Jahre wahrscheinlich verschwinden. Am stärksten sind die Malediven gefährdet, die am niedrigsten gelegene Inselnation der Welt. Sie besteht aus 1192 Koralleninseln im Indischen Ozean. Ihr Staatsgebiet umfasst 90 000 Quadratkilometer, davon sind 99 Prozent Wasser. Die höchste Insel, Wilingili, erhebt sich gerade 2,4 Meter über dem Meeresspiegel. Selbst ein geringer Anstieg des Wasserpegels macht sie verwundbar für mittelstarke Sturm- und Springfluten.

Der Pazifik ist von mehr als 25 000 Inseln übersät, viele von ihnen versinken. Takuu, eine Insel in Papua Neuguinea, wird vermutlich als Erste verschwinden; die 2500 Bewohner müssen dann umgesiedelt werden. Doch wenn die abgeschieden lebenden Melanesier sich auf einer anderen Insel niederlassen müssen, wird ihre einzigartige Kultur Schaden nehmen. Die Ureinwohner von Takuu überliefern ihre Geschichte durch Gesang; für viele von ihnen ist es nichts Ungewöhnliches, 1000 Lieder auswendig singen zu können. Wenn ihre Heimat in den Fluten versinkt, werden auch ihre Traditionen mit untergehen.

Tuvalu, eine Kette aus neun Korallenatollen, deren höchster Punkt nur fünf Meter über dem Meeresspiegel liegt, könnte innerhalb der nächsten 50 Jahre versinken. Weitere Pazifikinseln sind bedroht: Kiribati, Niue und die Marshallinseln. Auch Bangladesch und Sri Lanka leiden unter der Erosion durch das Meer und dem wärmeren Wasser.

DER GRÖSSTE OZEAN DER ERDE

Pazifischer Ozean
Größe: etwa 696 000 000 km³ Wasser
Keine geographischen Koordinaten

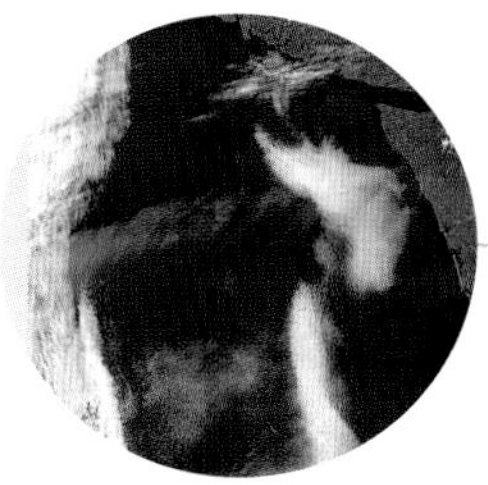

Der Pazifische Ozean bedeckt etwa ein Drittel der gesamten Meeresoberfläche unseres Planeten. An seiner weitesten Stelle erstreckt er sich fast um den halben Globus. Dieser enorme Wasserkörper enthält 46 Prozent des Wassers der Erde – mehr als alle übrigen Seen und Meere der Welt zusammen. (Der Rest liegt in Form von Eis und Luftfeuchtigkeit vor.)

Im Pazifischen Ozean liegt auch der tiefste Punkt der Erde – die Challengertiefe, 10 911 Meter tief im Marianengraben – sowie ein großer Teil der längsten Bergkette der Erde, der mittelozeanische Rücken, der den Globus unter Wasser umspannt. Was unter der Oberfläche vor sich geht, ist vielleicht interessanter als das, was darüber passiert. Hier stoßen die tektonischen Platten aufeinander und driften auseinander – ein Tanz, der das Magma der Erde sowie unterseeische Berge und Vulkane aufsteigen lässt.

Die Erforschung des Pazifik begann vermutlich mit den frühen Bewohnern Asiens, die mit primitiven Booten zu entfernten Inseln segelten. Im 15. Jahrhundert berichtete der italienische Reisende Marco Polo zu Hause von einem neuen Ozean „hinter" Asien. Der für Spanien um die Welt segelnde Entdecker Ferdinand Magellan benannte den Ozean – der gewaltige Fluten und Stürme verursachen kann – irrtümlicherweise nach seinen ruhigen Gewässern. „El pacifico" heißt auf Deutsch „der Friedliche".

Mit seinen Tsunamis und dem Feuerring (einer Vulkan- und Erdbebenzone) ist der Name Pazifik – „der Friedliche" – in dem Maße falsch wie der Ozean spektakulär ist.

DER KLEINSTE OZEAN DER ERDE

Nordpolarmeer
Lage: Nordpol
Größe: 14 000 000 km^2
Koordinaten: 85° 00′ 00″ N | 00° 00′ 00″ W

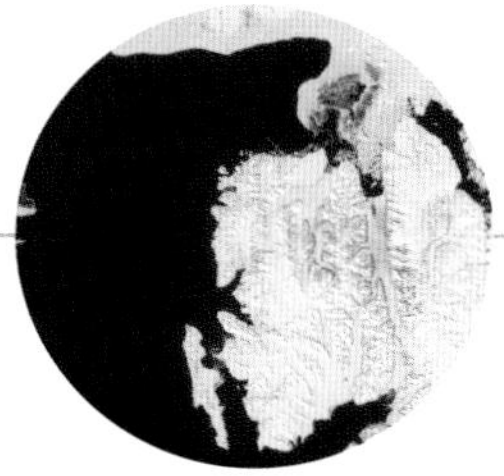

Auch wenn es nach dem Pazifik, Atlantik und dem Indischen Ozean das kleinste und flachste der vier Weltmeere ist, so verdeutlicht das Nordpolarmeer doch das Verhältnis von Land und Wasser auf der Erde. Zusammen mit seinen Buchten und Meeresarmen ist das Nordpolarmeer eineinhalbmal größer als die USA, obwohl es nur vier Prozent der Ozeane der Welt ausmacht. Es würde 13 Mal in das Pazifische Becken passen.

Von Oktober bis Juni ist das Nordpolarmeer überwiegend von Packeis bedeckt; im Sommer schmilzt es um die Hälfte. In dieser Welt aus Eisschollen und Kälte sinken die Temperaturen im Winter oft bis auf minus 50 Grad, und es ist fast ständig dunkel. Trotzdem fühlen sich Eisbären, Seehunde und Möwen hier offenbar wohl. Im Sommer ist es zwar ständig hell, dafür aber feucht und neblig.

Das Inuit-Wort für einen Berggipfel, der die Eisdecke durchbricht, lautet *nunatak.* Als nördlichster Nunatak – oder Landflecken – der Erde wird oft die Insel Oodaaq genannt, die 1900 von Robert Peary entdeckt wurde. Doch dieser Kiesstreifen – 1600 Kilometer nördlich des Polarkreises, ist manchmal von Eis bedeckt und schwer zu finden. Die globale Erwärmung könnte in Zukunft mehr von der Insel Oodaaq enthüllen, als uns recht sein sollte.

Schon ein leichtes Abschmelzen des Eises ist eine Gefahr für das Nordpolarmeer – die Heimat von bedrohten Walrossen und Walen. Trotz seines harschen Aussehens gehört das Eis der Arktis zu einem Ökosystem, das sehr anfällig für Veränderungen ist.

Von den Randzonen abgesehen ist das Nordpolarmeer ganzjährig mit driftenden Eisschollen bedeckt. Im Gegensatz zur Antarktis, die ein von Ozeanen umgebener Kontinent ist, besteht die Arktis fast nur aus Wasser und Eis.

DIE GRÖSSTE SEE DER ERDE

Südchinesisches Meer
Lage: zwischen dem südostasiatischen Festland und Taiwan, den Philippinen und Malaysia
Größe: 2590600 km^2
Koordinaten: 15° 00′ 00″ N | 115° 00′ 00″ O

Das Südchinesische Meer ist von einigen Ländern umgeben, in denen die Industrialisierung momentan am schnellsten voranschreitet. Es gehört zu den meistfrequentierten Schifffahrtswegen der Erde – die Hälfte der Supertanker der Welt passiert das Gewässer. Es ist übersät von Hunderten von Inseln, Riffs, Felsen und Sandbänken, die das Objekt territorialer Streitigkeiten sind.

Einige Geographen fragen, ob der Titel „größte See der Welt" nicht dem „Korallenmeer" gebühre – dem südwestlichen Arm des Pazifik, der sich zwischen Australien und Neuguinea erstreckt. Alles in allem bedeckt es ein Gebiet von 4791000 Quadratkilometern und wird durch das Great Barrier Reef begrenzt, das sich über 2000 Kilometer an der Küste Nordostaustraliens erstreckt. Aber die meisten Geographen rechnen das Korallenmeer zum Pazifik ebenso wie das große Arabische Meer. Das Südchinesische Meer gilt weiterhin als die größte See der Welt.

Das Südchinesische Meer mit seinen zahlreichen Archipelen, Halbinseln, Inselchen und Riffen ist ein eigenes Ökosystem. Ausgedehnte Korallenriffe beherbergen mehrere tausend Arten von Meeresorganismen. Sie spielen außerdem eine wichtige Rolle als Wellenbrecher, wodurch sie die Erosion der Strände vermindern.

DIE OZEANE DER ERDE

1 PAZIFISCHER OZEAN | GRÖSSE: 180 000 000 km² | DURCHSCHNITTLICHE TIEFE: 4300 m
2 ATLANTISCHER OZEAN | GRÖSSE: 82 362 000 km² | DURCHSCHNITTLICHE TIEFE: 3658 m
3 INDISCHER OZEAN | GRÖSSE: 73 426 500 km² | DURCHSCHNITTLICHE TIEFE: 3353 m

Die Messwerte entsprechen den Angaben im Columbia Gazetteer of the World und im Merriam Webster Geographical Dictionary. Die Ortsnamen sind durch das United States Board on Geographic Names und die Datenbank für geographische Namen der National Imagery Mapping Agency (NIMA) bestätigt .

2
3

DER LÄNGSTE FLUSS DER ERDE

Nil
Lage: Zentral- und Nordafrika
Länge: 6695 km
Koordinaten: 30° 10′ 00″ N | 31° 06′ 00″ O

Der Nil beginnt als kleines Rinnsal hoch oben in den bewaldeten Bergen über dem Ostafrikanischen Graben. Während er über Stromschnellen, durch flache Seen und die Wüste zum Mittelmeer mäandert, wachsen seine Wassermassen an. Der nach Norden fließende Strom bewässert 2 850 000 Quadratkilometer Land, sein Wasser speist 98 Prozent der ägyptischen Landwirtschaft.

Historisch gesehen ist der Nil die Lebensader einer der ältesten Zivilisationen der Welt, die vor 5000 Jahren in seinem fruchtbaren Tal siedelte. Jedes Jahr wurde es mit dem nährstoffreichen Schlamm aus dem äthiopischen Hochland überflutet. Nur mit Hilfe des Nil konnten Ägyptens Bauern reiche Ernten einfahren und auch – auf Booten – transportieren. Aus dem Papyrus, der im Wasser wuchs, stellten die Menschen Papier zum Schreiben her. Die lukrativen Handelsstraßen entlang des Nil führten zum Bau von Städten, Tempeln und Gräbern für Könige und Pharaonen. Die Ägypter brachten eine der technisch am höchsten entwickelten Zivilisationen der damaligen Welt hervor und hinterließen Bauwerke und Kunst von immerwährender Bedeutung.

Nachdem Ptolemäus die Meinung vertreten hatte, der Ursprung des großen Flusses läge in den „Bergen des Mondes", war die Suche nach dem Ursprung des Nil eine Herausforderung für Entdecker. Lange Zeit glaubte man, dass seine Quelle der Viktoriasee sei, der zweitgrößte Süßwassersee der Welt. Erst im Jahr 1937 ortete der deutsche Forscher Burkhart Waldecker das schwer zu findende Rinnsal in den Bergen des heutigen Burundi. Es fließt von dort in den Viktoriasee, der wiederum den Nil anschwellen lässt.

«Wer auf den Wassern des Nil fährt, braucht Segel, die aus Geduld gewoben sind.»

William Golding

DIE TÖDLICHSTE FLUT DER ERDE

Hwangho (Gelber Fluss)
Lage: China
Koordinaten: 37° 45′ 27″ N | 119° 04′ 34″ O

Der Jangtsekiang ist der bekannteste Strom im Reich der Mitte. Er ist der drittlängste Fluss der Welt (mehr als 5552 Kilometer), und ein Drittel von Chinas Bevölkerung lebt an seinen Ufern und den angrenzenden Regionen. In den 2100 Jahren der frühen Han-Dynastie und der späten Qing-Dynastie trat der Jangtsekiang im Durchschnitt einmal in zehn Jahren über die Ufer und forderte Zehntausende von Menschenleben. Wegen des hohen Überschwemmungsrisikos hat China das größte Bauprojekt seit der Chinesischen Mauer in Angriff genommen. Wenn der Drei-Schluchten-Staudamm 2009 fertig gestellt ist, wird er das größte Wasserkraftwerk der Erde sein, mit einer zwei Kilometer langen Betonmauer und einem 595 Kilometer langen Wasserreservoir.

Aber trotz seiner alljährlichen Überflutung, bei der der Wasserspiegel um sechs bis 17 Meter ansteigt, verursachte nicht der Jangtsekiang die schwerste Überschwemmung in der Geschichte. Der mörderischste Strom war über die Jahrhunderte der Hwangho – der Gelbe Fluss. Der 4828 Kilometer lange Strom, der in der nördlichen Bergprovinz Qinghai entspringt und im Gelben Meer endet, tötete 1887 beinahe zwei Millionen Menschen und forderte im Jahr 1938 etwa eine Million Opfer. Im August 1931 tötete ein Hochwasser, das als *China's Sorrow* (Chinas Schmerz) bekannt wurde, mehr als 3,7 Millionen Menschen – sie ertranken oder starben durch die nachfolgende Hungersnot. Weitere Millionen Menschen blieben obdachlos zurück.

Der vom Hwangho abgelagerte Schlamm schafft die große Schwemmlandebene in Nordchina, eine der landwirtschaftlich wichtigsten Regionen des Landes. Aber die Millionen Tonnen Flussschlamm können auch zu viel sein. Die Chinesen haben versucht, den Gelben Fluss durch Deiche, Dämme und Kanäle zu kontrollieren, aber das wird wohl erst mit dem riesigen Xiaolangdi-Damm gelingen.

Der einst furchterregende Gelbe Fluss (oben, zugefroren) schaffte es in der Trockenzeit 1972 zum ersten Mal in seiner Geschichte nicht, das Meer zu erreichen. 1998 gab es nur noch die Hälfte der Seen auf dem Tibetischen Hochplateau, die seine Zuflüsse sonst gespeist hatten. 4500 Umleitungsprojekte zapften das Wasser ab, das dem einst drachengleichen Fluss früher vollständig zur Verfügung stand.

DER GEWALTIGSTE FLUSS DER ERDE

Amazonas
Lage: Brasilien, Südamerika
Koordinaten: 00° 10′ 00″ S | 49° 00′ 00″ W

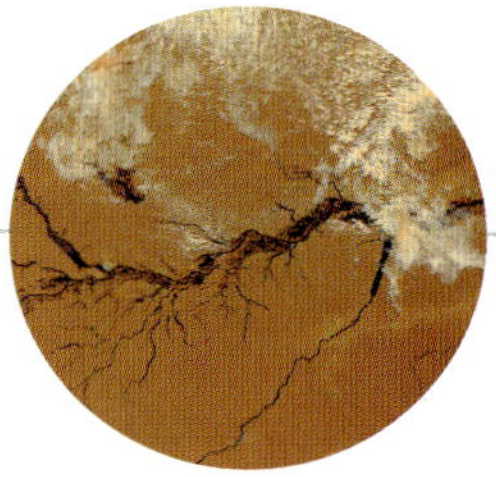

Er ist ungeheuer stark, reich und bedroht. Vom Volumen her ist der Amazonas Südamerikas größter Fluss und hat das größte Wassereinzugsgebiet der Welt. Mit 6270 Kilometer Länge ist er nach dem Nil der zweitlängste Strom der Erde. Er speist das weltweit größte Regenwaldgebiet und dessen enorme Vielfalt an Flora und Fauna. Im Amazonas leben mindestens 1500 Fischarten (in Europa gibt es nur etwa 150), der Regenwald beherbergt fast drei Viertel der bekannten Pflanzenarten der Welt.

Am Amazonas mischen sich Mythen und Wissenschaft. Nach einer Schöpfungsgeschichte entstand der Fluss aus der unerfüllten Liebe zwischen Sonne und Mond. Nicht in der Lage, den Himmel zur selben Zeit mit seiner geliebten Sonne zu teilen, weinte der Mond bitterlich – seine Tränen füllten den Wald und flossen ins Meer. Seinen Namen erhielt der Amazonas 1541 von dem spanischen Entdecker Francisco de Orellana. Weil die Ufer von Stämmen kriegerischer Frauen verteidigt wurden, benannte er den Fluss nach den Amazonen der griechischen Mythologie.

Die Quelle des Amazonas liegt in den Hochanden von Peru, 160 Kilometer vom Pazifischen Ozean entfernt. Erst auf der anderen Seite des Kontinents mündet er mit einem 240 Kilometer breiten Ästuar (trichterförmige Flussmündung), das mit flachen, schlammigen Inseln übersät ist, in den Atlantik. Die Wasserstraße enthält mehr Flüssigkeit als die zehn nächstgrößten Flüsse der Welt zusammen – etwa ein Fünftel des Wassers, das es auf der Erdoberfläche gibt. Er befördert ungefähr 6,5 Kubikkilometer Wasser pro Minute in den Atlantik. Der Fluss ist so gewaltig, dass er das Wasser des Ozeans noch 160 Kilometer von der Küste entfernt verdünnt.

Das Amazonasgebiet ist die Heimat von indigenen Völkern wie den Panara und den Yanomami, die das majestätische Ökosystem seit Jahrtausenden bewohnen. Und es ist der Lebensraum unzähliger Wildtiere wie Elektrischer Aale, Kolibris, Papageien, Anakondas, Alligatoren und riesiger Schmetterlinge.

DER BREITESTE WASSERFALL DER ERDE

Iguaçu-Fälle
Lage: an der Grenze zwischen Argentinien und Brasilien
Koordinaten: 25° 41′ 00″ S | 54° 26′ 00″ W

Das Donnern der Iguaçu-Fälle ist schon lange zu hören, bevor man die Kaskaden zu sehen bekommt. Der reißende Strom des 1320 Kilometer langen Iguaçu, der die Grenze zwischen Brasilien und Argentinien bildet, schwillt in starken Regenzeiten auf die doppelte Wassermenge an, die über die Niagarafälle stürzt; in der Trockenzeit kann sich der Wasserfall in einen stillen Nebel verwandeln.

Entlang einer vier Kilometer langen, halbmondförmigen Klippe reihen sich ungefähr 275 einzelne Kaskaden und Wasserfälle, die von felsigen, dicht bewaldeten Inselchen getrennt werden. Einige der Kaskaden stürzen senkrecht 82 Meter in die Schlucht „Garganta do Diablo" (Teufelsrachen) hinab. Andere werden von Felssimsen unterbrochen. Sie lassen Wolken aus Nebel und Gischt aufsteigen, wodurch bei Sonne ein Schauspiel aus diesigen Regenbögen entsteht. Die mächtigen Wassermassen stürzen von einem Lavaplateau herab, das vor mehr als 135 Millionen Jahren zur Erdoberfläche aufstieg. Üppige Wälder mit Bambus, Palmen und eleganten Baumfarnen umgeben die Wasserfälle, darin gedeihen wilde Orchideen, Begonien und Bromelien; Papageien und Keilschwanzsittiche flattern durch das Blattwerk.

In der Sprache der dort lebenden Indianer bedeutet der Name Iguaçu „großes Wasser"; frühe Zivilisationen hielten ihn für „den Platz, an dem die Wolken geboren werden". Der Legende nach entstand der große Wasserfall durch einen Wutausbruch des Flussgotts Iguaçu, der in einem besonders wilden und gewalttätigen Areal des Wasserfalls lebte, der „Garganta do Diablo".

Der erste Europäer, der die Fälle sah, war der spanische Entdecker Alvar Nuñes im Jahr 1541. Er schrieb in seinem Tagebuch: «Die Strömung des Iguaçu war so stark, dass die Kanus mit rasender Geschwindigkeit den Fluss hinabtrieben ... den Lärm, den das Wasser machte, wenn es von den hohen Felsen in den Abgrund stürzte, konnte man aus großer Entfernung hören, die Gischt stieg zwei Speerwürfe und mehr über dem Fall hoch.»

Folgende Legende der Guarani-Indianer erklärt die Entstehung der Iguaçu-Fälle: Ein Waldgott liebte ein junges Mädchen. Er verfluchte das Flussbett, um einen menschlichen Rivalen daran zu hindern, die Geliebte in seinem Kanu mitzunehmen. Sie stürzte über eine Klippe, und als

sie am Boden ankam, verwandelte sie sich in einen Fels – in alle Ewigkeit von den tosenden Wassern umspült. Ihr Liebhaber wurde in einen
Baum über den Klippen verwandelt, dazu verdammt, sich für immer über den Abgrund zu neigen und nach seiner verlorenen Liebe zu suchen

DER HÖCHSTE WASSERFALL DER ERDE

Angelfall (Salto Ángel)
Lage: Canaima, Venezuela
Höhe: 979 m
Koordinaten: 05° 57′ 00′ N | 62° 30′ 00″ W

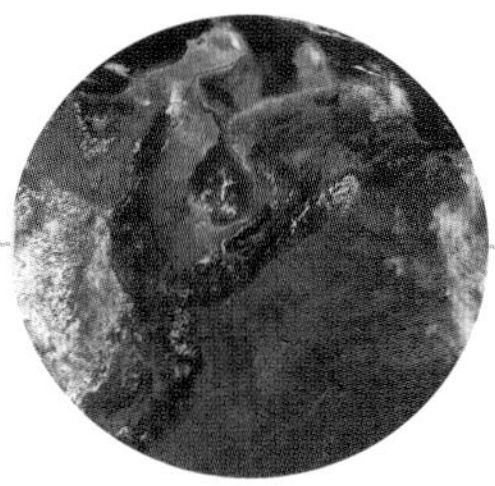

Zur Zeit der wirtschaftlichen Depression in Amerika war es eine beliebte Mutprobe, sich in einem hölzernen Fass die 50 Meter hohen Niagarafälle herabzustürzen. Manche derTollkühnen überlebten sogar und kassierten eine Prämie.

Aber verglichen mit dem Angelfall in Venezuela, dem höchsten ununterbrochenen Wasserfall der Welt, sind die Niagarafälle ein tropfender Wasserhahn. Auch wenn die größte direkte Höhe des Wasserfalls 807 Meter beträgt – das ist mehr als doppelt so hoch wie der Eiffelturm und höher als das Empire State Building in New York – misst die Gesamthöhe des Salto Ángel noch 172 Meter mehr. Wegen dieser unglaublichen Höhe kommt das Wasser auf dem Grund nur noch als feiner Nebel an.

Der Angelfall ist nach dem amerikanischen Ingenieur Jimmy Angel benannt. Er flog 1933 durch den Canyon des abgelegenen Flusses Churún, um nach Gold zu suchen. 1935 kehrte er in diese Gegend zurück, um sie näher zu erkunden. Er landete mit seiner „Flamingo" auf einer Sandpiste in der Nähe des Wasserfalls.

Unglücklicherweise blieb sein Flugzeug im Schlamm stecken, und Angel musste zu Fuß in die Zivilisation zurücklaufen – elf Tage lang. Die ungeplante Expedition führte ihn an dem fantastischen Wasserfall vorbei, der nun seinen Namen trägt.

Die beste Möglichkeit, den Angelfall zu sehen, ist vom Flugzeug aus. Entscheidend ist die Jahreszeit. Während der Trockenzeit (von Januar bis Mai) ist der Angelfall manchmal nur ein winziges Rinnsal, aber in der Regenzeit (von Juni bis Dezember) donnern die Wassermassen mit aller Macht hinab.

«Wie ein Wasserfall im Sturz langsamer wird, so handelt der Mensch der Tat ruhiger, als er es vorher erwarten ließ...»

Friedrich Nietzsche

DIE GRÖSSTE GEYSIR-DICHTE DER ERDE

Yellowstone-Nationalpark
Lage: Teile von Wyoming, Idaho und Montana, USA
Koordinaten: 44° 46′ 00″ N | 110° 14′ 00″ W

Der bekannteste Geysir der Welt bricht auch am zuverlässigsten aus: der „Old Faithful" im Yellowstone-Nationalpark in den USA. Alle 69 bis 78 Minuten sprüht er zischend seine Dampffontänen in die Luft.

Yellowstone liegt in einem vulkanisch aktiven Becken in den Rocky Mountains, das ideale Gebiet für einen Geysir, ein röhrenförmiges Loch, das mit Wasser gefüllt ist und tief bis in die Erdkruste reicht. Magma in der Nähe des Grundes eines solchen Lochs heizt die Felsen rund um das Wasser auf, das wiederum das zusammengepresste Wasser in der Röhre darüber erhitzt. Wenn die Wasseroberfläche zu kochen beginnt, lässt der Druck des brühend heißen Wassers darunter nach. Es verwandelt sich in Dampf, bricht aus und schickt eine 93 Grad heiße Wassersäule in die Luft. 10 000 thermale Erscheinungen, 300 Geysire, viele Vulkanschlote und heiße Schlammquellen sind der Beweis für den vulkanischen Ursprung des Yellowstone-Plateaus. „Old Faithful" (rechte Seite) bricht 21 bis 23 Mal am Tag aus und schießt bei jedem Ausbruch 41 640 Liter Wasser ungefähr 46 Meter hoch in die Luft. Der am höchsten spuckende Geysir ist der „Steamboat" im Yellowstone, der manchmal 122 Meter erreicht.

Der Name für die heißen Quellen stammt aus Island, die Insel ist in Sachen Geothermik weltweit führend. Dort faszinierte der „Große Geysir", dessen Name „Speier" bedeutet, von seinen ersten Ausbrüchen im 14. Jahrhundert an die Bewohner. Er hat, obwohl mittlerweile erloschen, allen anderen heißen, speienden Quellen den Namen gegeben. Island reklamiert außerdem einen der aktivsten Geysire der Welt für sich, den „Strokkur" (Butterfass). Nach seinem eigenen launischen Stundenplan brodelt und spuckt er ungefähr alle 15 Minuten.

DIE GRÖSSTEN EISBERGE DER ERDE

Lage: Antarktis und Grönland
Keine geographischen Koordinaten

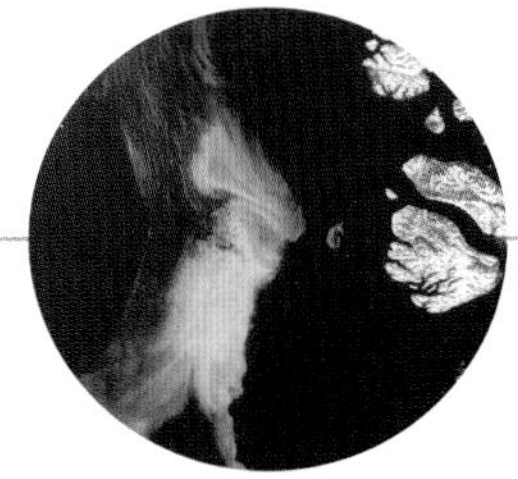

Eisberge sind riesige Brocken Süßwassereis, die von Gletschern abbrechen oder kalben und im Meer schwimmen. Der größte Eisberg und der höchste Eisberg, von denen je berichtet wurde, verschwanden zwar vor einigen Jahrzehnten, aber ihre Maße sind unumstritten. Der größte Eisberg der Geschichte wurde von der „USS Glacier" am 12. November 1956 gesichtet. Er war 335 Kilometer lang und 97 Kilometer breit – ungefähr so groß wie Belgien. Weniger als ein Achtel eines Eisbergs ist über Wasser zu sehen.

Der höchste Eisberg der Geschichte wurde 1958 vor der Küste von Grönland entdeckt. Er ragte 168 Meter über der Wasseroberfläche empor. Damit war er drei Mal so hoch wie der schiefe Turm von Pisa.

Auf der Nordhalbkugel brechen die meisten Eisberge von den Gletschern Grönlands ab; manchmal driften sie mit der Strömung südwärts bis in den Nordatlantik hinein. Der größte kürzlich entstandene Eisberg kalbte Anfang 2000 vom Ross-Schelfeis in der Antarktis. Nach Satellitenmessungen der U.S. National Oceanic and Atmospheric Administration war der Eisberg 295 Kilometer lang und 37 Kilometer breit, seine Oberfläche umfasste ein Gebiet von der Größe Gambias oder der Bahamas. Obwohl der weltweite Klimawandel dazu führt, dass manche Eisflächen schmelzen, sind nicht alle Eisberge die Folge einer Erwärmung – sie entstehen auf natürliche Weise.

«Eisberge gleichen der Seele. Beide entstehen aus Elementen, die unfassbar und nicht zu sehen sind – leuchtend schön und unvergänglich.»

Elizabeth Bishop

Eisblau: Die roten Wellen des Lichts werden von den Eiskristallen absorbiert, für die Augen ist nur noch blaues Licht sichtbar. Weiß scheint das Eis, wenn das Licht von Luftblasen im Eis oder von seiner rauen Oberfläche reflektiert wird.

«Wenn der Eisberg erst vor kurzem abgebrochen ist, glitzert seine neue Oberfläche grünlich blau – das Grün
alter verwitterter Flächen scheint grauer. Im Zwielicht nimmt das Eis die Farben der Sonne an: rosa, rötlich gelb

verwaschenes lila, hellrosa. Das Eis reflektiert das Licht und fängt es ein in seinen kristallinen Ecken und Kanten, wodurch es intensiver wirkt.» Barry Lopez, „Arctic Dreams", 1986

DER LÄNGSTE TALGLETSCHER DER ERDE

Lambert-Gletscher
Lage: Ostantarktis
Größe: 515 km lang | bis zu 65 km breit
Koordinaten: 71° 00′ 00″ S | 70° 00′ 00″ O

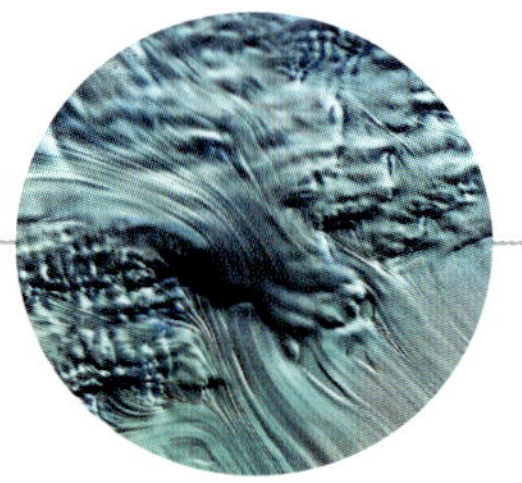

Ein Gletscher ist im Wesentlichen ein Fluss aus Eis, eine dicht gepresste Masse aus Schnee, die sich in alle Richtungen ausbreitet oder sich langsam ein Tal hinabbewegt. Dabei fräst sie einen Graben aus und nimmt auf dem Weg Felsbrocken mit. Der Lambert-Gletscher in der Ostantarktis ist der größte Talgletscher der Erde. Er schiebt jedes Jahr eine enorme Menge Eis vom Ostantarktischen Plateau herab und bedeckt ein Gebiet von knapp einer Million Quadratkilometern. Damit ist er fast zehn Mal so groß wie Island. Der Lambert-Gletscher rückt im Jahr 400 bis 900 Meter vorwärts. Dort, wo er sich ausbreitet und dünner wird, kann sich seine Geschwindigkeit verdreifachen.

Das antarktische Schelfeis ist so schwer, dass es einen großen Teil des Kontinents zusammenpresst und nach unten drückt. Der tiefste Punkt ist die subglaziale Bentley-Rinne. Sie liegt 2537 Meter unter dem Meeresspiegel.

Der Lambert-Gletscher ist zu kalt und zu abgelegen, um dort rund ums Jahr eine wissenschaftliche Station zu unterhalten. Forscher haben ihn per Satellit studiert und vermessen, um einen Einblick in den globalen Klimawandel zu bekommen. In den letzten 10 000 Jahren haben sich die Gletscher zurückgezogen. Die meisten schmelzen schneller ab, als sich neues Eis bildet. Wenn alles Eis auf dem Land abschmölze, würde nach einer Schätzung der Meeresspiegel weltweit um 70 Meter ansteigen. Realistischer ist, dass selbst ein nur leichtes Abschmelzen der Polkappen flache Inseln wie die Malediven untergehen lassen würde.

Das antarktische Schelfeis mag heute lebensfeindlich wirken, aber das war nicht immer so. Forscher haben fossile Baumstümpfe in 2135 Meter Höhe auf dem Berg Achernar gefunden, 800 Kilometer nördlich vom Südpol.

DER AM SCHNELLSTEN VORRÜCKENDE GLETSCHER DER ERDE

Columbia-Gletscher
Lage: Alaska, zwischen Anchorage und Valdez, USA
Koordinaten: 61° 13′ 11″ N | 146° 53′ 43″ W

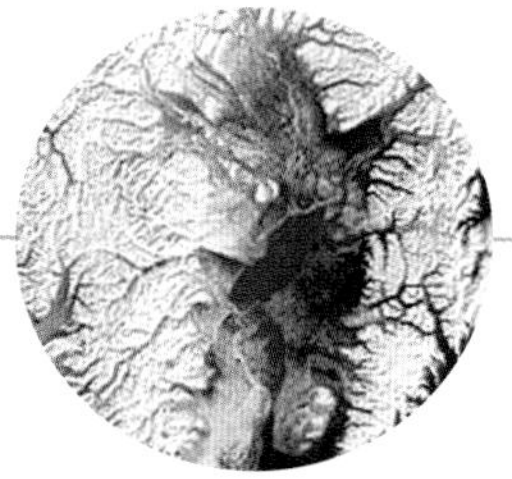

Ein galoppierender Gletscher – so nennen Wissenschaftler einen Gletscher, der schneller vorwärts drängt als die üblichen zweieinhalb bis fünf Zentimeter pro Tag – entfaltet eine seltene und zerstörerische Kraft. Wenn ein ruhiger Gletscher zu galoppieren beginnt, erzittert der Eisstrom. Eine Eiswoge bauscht sich an der Front auf, die Oberfläche wird buckelig, es knirscht und kracht.

Der schnellste Gletscher der Welt ist zur Zeit der Columbia-Gletscher, der sich im Jahr 1999 zwischen Anchorage und Valdez in Alaska mit einer durchschnittlichen Geschwindigkeit von 35 Metern pro Tag vorwärts bewegte. Ein weiterer galoppierender Gletscher ist der Kutiah-Gletscher im Karakorum westlich des Himalaya, der im Jahr 1953 mehr als zwölf Kilometer in drei Monaten zurücklegte – im Durchschnitt 112 Meter pro Tag. Der Kutiah-Gletscher wälzte sich durch Wälder und über Felder, ganze Dörfer verschwanden unter seinen Eismassen. Verglichen mit den meisten Gletschern – zum Beispiel dem Athabasca-Gletscher in den kanadischen Rocky Mountains, der sich weniger als einen Meter pro Tag bewegt – war die Geschwindigkeit des Kutiah-Gletschers geradezu halsbrecherisch.

Die Wissenschaftler sind sich nicht sicher, warum der Columbia-Gletscher so schnell ist. Seine Geschwindigkeit hat sich in den letzten 20 Jahren fast verdoppelt. Manche vermuten, dass die globale Erwärmung sein Eis zum Schmelzen brachte, so dass es sich löste und schneller über den Felsuntergrund den Hang hinunterrutschte.

Der Grund unter den Gletschern wird abgeschliffen, während das Eis kraft seines eigenen Gewichts den Berg hinunterfließt. Gletscher hinterlassen Milliarden Liter von Süßwasser, das Flüsse speist, Seen entstehen lässt, fruchtbaren Boden bewässert und landschaftlich spektakuläre Bergtäler schafft.

DER LÄNGSTE FJORD DER ERDE

Nordwestfjord
Lage: Scoresbysund, Ostgrönland
Länge: 314 km
Koordinaten: 71° 40′ 00″ N | 27° 17′ 00″ W

Fjorde sind lange, schmale Meeresbuchten, die weit ins Landesinnere reichen und U-förmige Täler bilden. Sie wurden von Gletschern in die Landschaft geschnitten. Die relativ ruhige Oberfläche eines Fjords täuscht über seine bemerkenswerte Tiefe hinweg. Ein Fjord ist normalerweise landeinwärts am tiefsten – dort, wo die Kraft des Gletschers, der ihn formte, am größten war. Das meerwärtige Ende eines Fjords kann dagegen relativ flach sein, was den Wasseraustausch dieser natürlichen Häfen herabsetzt. Der Grund ist möglicherweise von stehendem Wasser und schwarzem Schlamm bedeckt, der Schwefelwasserstoff enthält, ein farbloses, giftiges, nach faulen Eiern riechendes Gas, das zur Schwefelproduktion verwendet werden kann.

Viele Fjorde erreichen eine erstaunliche Tiefe, wie der norwegische Sognefjord, der bei einer Länge von 177 Kilometern 1308 Meter tief ist. Seine Wände ragen 1000 Meter über der Wasseroberfläche auf. Der Sognefjord ist der zweitlängste Fjord der Erde. Der längste befindet sich in Ostgrönland: Der Nordwestfjord bei Scoresbysund dringt vom Meer aus 314 Kilometer landeinwärts.

Fjorde gibt es vor allem in Norwegen, Alaska, Chile, Neuseeland, Kanada und Grönland. Bei einigen stürzen kleine Wasserfälle Hunderte von Metern über die glatten, steilen Wände. Sie gehören zu den höchsten Wasserfällen der Welt. Die höchste Meeresklippe der Welt steigt 1609 Meter hoch aus dem Torssukatak-Fjord in Südgrönland auf.

Fjorde wie der Rødefjord im Scoresbysund in Ostgrönland (oben) wurden durch Gletscher geformt, die sich vor langer Zeit zurückgezogen haben. Die Treibeisschollen auf dem Foto stammen vom Eisgürtel an der Küste. Einmal abgebrochen, driften sie in die Fahrrinnen und sind dadurch eine Gefahr für den Schiffsverkehr.

DIE TIEFSTE GLETSCHERSPALTE DER ERDE

Antarktischer Gletscher
Lage: Ostantarktis
Koordinaten: 71° 00′ 00″ S | 70° 00′ 00″ O

Niemand weiß genau, wie tief man in das Herz eines Gletschers eindringen kann. Manche Forscher, die versuchten, es herauszufinden, verschwanden auf Nimmerwiedersehen. Gletscherspalten sind die tiefsten Öffnungen in einem Gletscher; keilförmige Risse, die meist in den oberen 50 Metern entstehen, wo das Eis brüchig ist. Darunter ist das Eis flexibler und kann über unebene Oberflächen gleiten, ohne zu zerbrechen.

Gletscherspalten entstehen auch, wenn verschiedene Teile eines Gletschers sich mit unterschiedlichen Geschwindigkeiten bewegen. Bei einem Gletscher, der ein Tal hinabfließt, bewegt sich zum Beispiel die Mitte schneller als die Seiten, die an den Felswänden entlangschrammen. Die tiefsten Spalten, die je gemessen wurden, reichten 45 Meter unter die Oberfläche, das entspricht ungefähr der Höhe eines 15-stöckigen Gebäudes.

Egal wo Gletscher fließen – in Grönland, in der Antarktis, in Alaska oder im Himalaya –, immer werden dabei Gletscherspalten entstehen. Kein Wunder, dass einige Forscher versessen darauf sind, die tiefste Gletscherspalte der Welt zu finden. Vielleicht befindet sie sich in der Antarktis, wo 98 Prozent des Kontinents mit einer dicken Eisschicht bedeckt sind. In der Antarktis gibt es alpine Gletscher, die in einem hoch gelegenen Becken einer Bergkette beginnen und in die Täler hinabfließen. Und es gibt kontinentale Gletscher, die vom Landesinneren an die Küste des Kontinents fließen. Während die Schwerkraft Gletscher und Eisfelder den Berg hinabtreibt, zerspringen und brechen die brüchigen oberen Schichten. Gletscherspalten können unter Schneeverwehungen „verschwinden" – eine unsichtbare Gefahr für Menschen und ihre Fortbewegungsmittel. Die gefährlichsten und wahrscheinlich auch die tiefsten Gletscherspalten befinden sich in der Nähe der Küsten und Berggebiete der Antarktis.

In Gletscherspalten wie dieser können sich Überreste aus alten Zeiten verbergen, die im Eis konserviert sind. So wurde der „Ötzi" 1991 in den Italienischen Alpen gefunden. Nach 5300 Jahren im Eis trug er noch seine Beinkleider aus Ziegenleder und eine Mütze aus Gras. Es hatte lange gedauert, bevor ihn der Gletscher herausgab, doch es dauerte weitere zehn Jahre, bis die Speerspitze in seiner Schulter entdeckt wurde.

DIE GRÖSSTE EISHÖHLE DER WELT

Lage: Eisriesenwelt, Österreich
Koordinaten: 47° 31′ 00″ N | 13° 10′ 00″ O

Die Eisriesenwelt ist nur eine kurze Autofahrt von Salzburg entfernt, aber wer in sie eindringt, hat das Gefühl, in die tiefste und kälteste Region der Erde hinabgestiegen zu sein. Die Höhlen und Durchgänge der Eisriesenwelt wurden von einem alten Fluss gebildet. Über Äonen sickerten tauender Schnee und Regen durch den Kalkstein in die Höhlen. Heute heißt es, dass diese ausgedehnte Unterwelt sogar „atme". Im Winter weht kalte Luft durch die Gänge und gefriert das Wasser des geschmolzenen Schnees, das während der wärmeren Monaten in die Höhle gesickert ist. Im Sommer weht eine kühle Brise von innen zum Eingang und bewahrt das Eis vor dem Schmelzen.

Die Höhlen wurden 1879 entdeckt und 1913 vermessen. Sieben Jahre später, nachdem Stufen und Gehwege gebaut worden waren, wurden sie für die Öffentlichkeit freigegeben. Die Gletscherunterwelt zieht heute ungefähr 200 000 Menschen im Jahr an, doch nur wenig mehr als ein Kilometer der 42 Kilometer langen Gänge der Höhle ist für Besucher zugänglich.

Das Eis in den Höhlen in der Nähe des Eingangs ist ungefähr 20 Meter dick. Die Hallen innen enthalten fantastische Eisformationen, gigantische Säulen und Türme aus Eis, Eiswasserfälle und Gletscher. Manche Gebilde sehen aus wie Kathedralen, andere gleichen einem Elefanten oder einem Thron. Die von Mineralien im Wasser gefärbten Eisschichten und das jahrhundertelange Abtauen und Gefrieren ließen ein wunderschönes Mosaik entstehen. Teile des unterirdischen Eispalasts tragen Namen aus der nordischen Mythologie. Die Bilder lassen die Namensgebung, auch wenn sie geographisch dort nicht hinpasst, völlig angemessen erscheinen.

Eishöhlen entstehen, wenn Schmelzwasser durch große Eismassen fließt und Hohlräume zurücklässt. Im Sommer sickert Schmelzwasser durch Spalten und Risse des Gletschers und verbreitert und vertieft sie mit der Zeit. Die oben abgebildete Eishöhle liegt im kalifornischen Sequoia-Nationalpark, die Eishöhle auf den folgenden Seiten im Perito-Moreno-Gletscher im Nationalpark Los Glaciares in Argentinien.

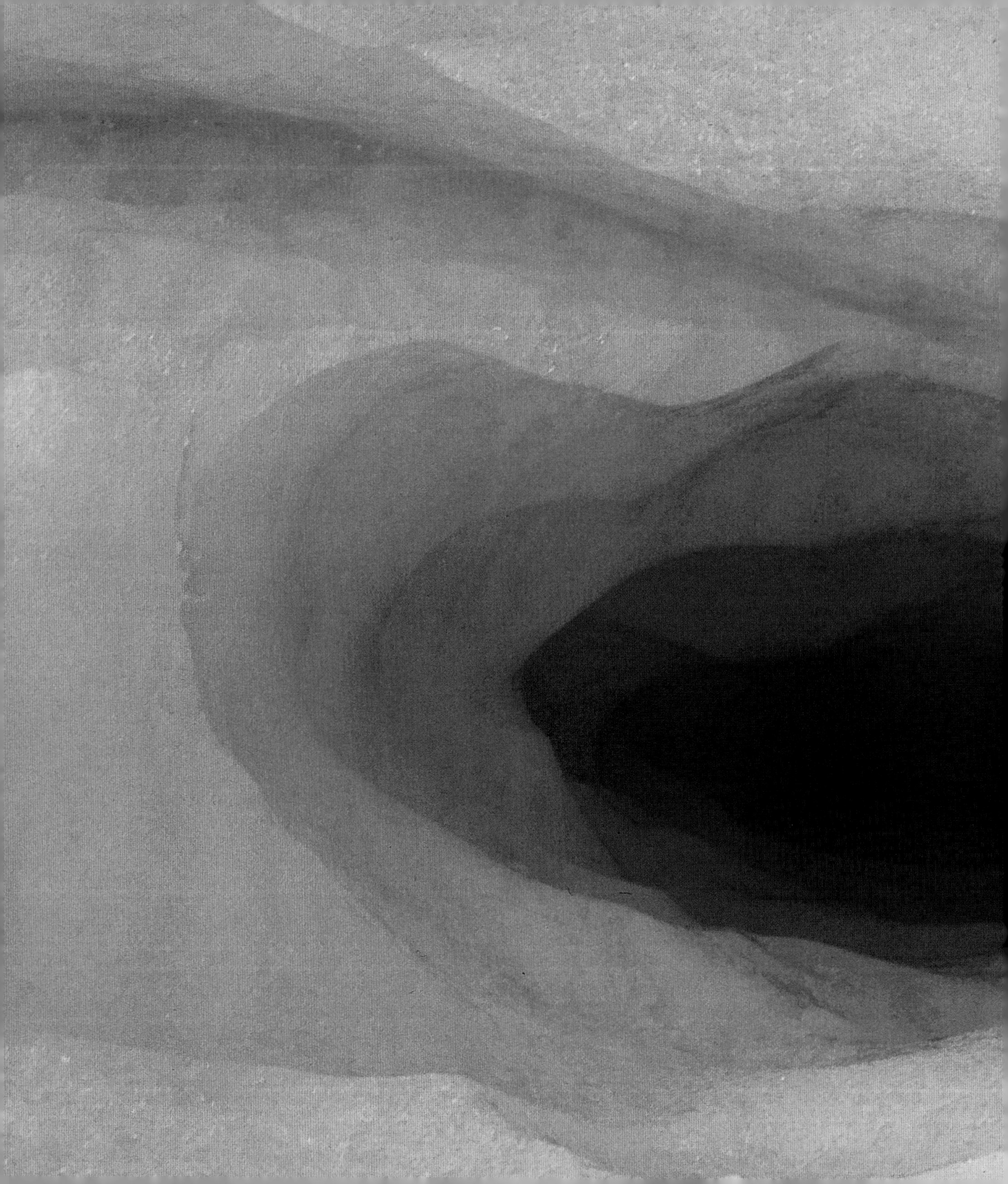

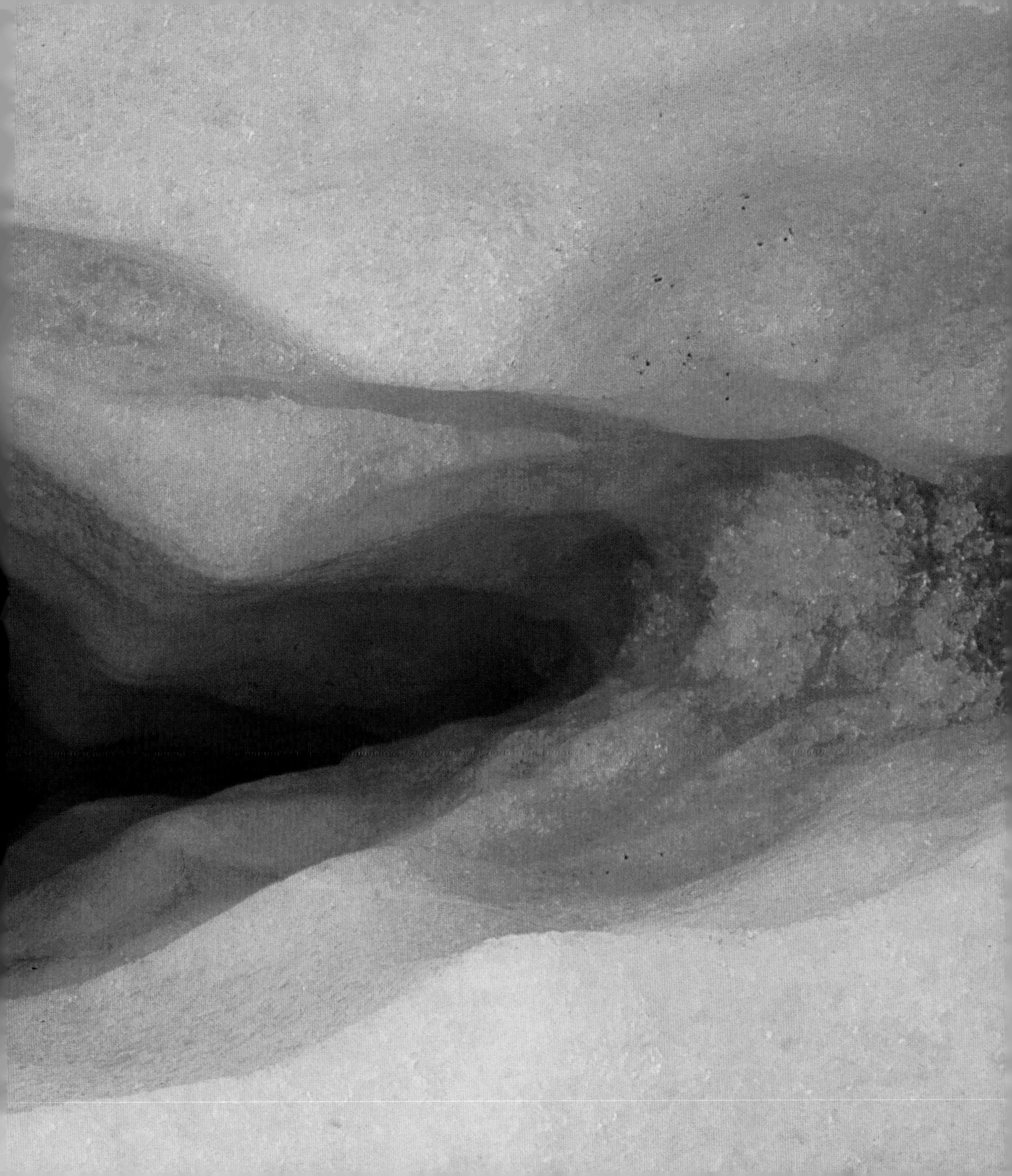

DIE GRÖSSTE SALZPFANNE DER ERDE

Salar de Uyuni
Lage: Zentralbolivien
Größe: 17 480 km^2
Koordinaten: 20° 20′ 00″ S | 67° 42′ 00″ W

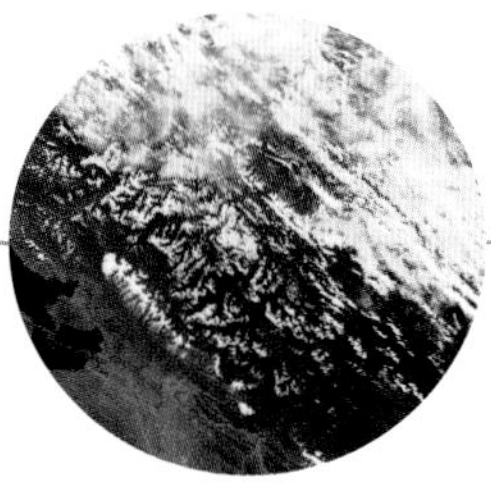

Dicke, harte Salzkrusten bilden die ausgetrocknete Oberfläche von Boliviens Salar de Uyuni, der größten Salzpfanne der Welt. Die Erkundung dieser märchenhaften weißen Landschaft, entweder zu Fuß oder mit dem Geländewagen, ist wie die Landung auf einem anderen Planeten.

Bei strahlendem Sonnenschein kommt es einem vor, als wäre man in der Antarktis, in einem riesigen Gebiet aus Eis oder Schnee. Bei Vollmond kann man sich angesichts des stark reflektierten Lichts leicht vorstellen, auf dem Mars zu sein. In der Regenzeit, zwischen Dezember und April, sind große Flächen mit Wasser bedeckt. Sie werden zu gigantischen Spiegeln, die die Bergketten am Horizont reflektieren.

Im Salar de Uyuni, der 3665 Meter hoch liegt, dringt das Wasser selten tiefer als einen Meter in den Boden ein; das Salz dagegen ist in Schichten zusammengepresst, die fast 120 Meter tief reichen. In der Regenzeit schaffen es Kakteen, Flamingos und die kaninchenähnlichen *Viscachas*, in diesem unwirtlichen Ökosystem zu überleben.

Geologen glauben, der Salar de Uyuni ruhe auf dem ehemals tiefsten Teil eines uralten Sees, des Lago Tauca, der diese Region vor ungefähr 12 000 Jahren bedeckte.

Im 17. Jahrhundert wurden die Silberminen am nahe gelegenen Cerro Rico, einem Gipfel aus rotem, kahlem Fels, von den spanischen Kolonialherren „Mund der Hölle" genannt.

Drei konische Salzberge in Boliviens Salzpfanne Salar de Uyuni spiegeln sich auf der Oberfläche eines temporären Sees. Das lebensnotwendige Salz war ein Handelsgut, lange bevor Bolivien Koka exportierte. Selbst in dieser unwirtlich scheinenden Salzpfanne gedeiht Leben

DER TIEFSTE PUNKT DER ERDE

Totes Meer
Lage: Grenze zwischen Israel und Jordanien, 403 m unter dem Meeresspiegel
Koordinaten: 31° 30′ 00″ N | 35° 30′ 00″ O

Die Oberfläche des Toten Meers liegt ungefähr so tief wie das Empire State Building hoch ist. Sein Wasser gehört zu den salzhaltigsten der Welt. Es ist sechs Mal salziger als das der Ozeane und viel zu salzig, als dass Pflanzen, Seegras oder Fische darin überleben könnten. Vom Toten Meer profitieren allerdings Firmen, die Mineralien verkaufen – sie gewinnen hier vor allem Pottasche (Kalidünger) und Bromin –, und die Betreiber von Heilbädern. Der starke Wasserauftrieb – es ist möglich, auf dem Rücken schwimmend Zeitung zu lesen – und die wohltuende Wirkung der Salze ist für Touristen attraktiv. Weil das Tote Meer in der Wüste liegt, verliert es einen Großteil des Wassers durch Verdunstung; sein Wasserspiegel ist in den letzten 40 Jahren um elf Meter gesunken und sinkt weiterhin. Interessant für Bibelkundige ist, dass am Südwestufer des Toten Meers die Städte Sodom und Gomorrha gelegen haben sollen.

In dem Klima des tiefliegenden Gebiets mit seiner niedrigen Luftfeuchtigkeit konnten sich antike Schriften erhalten. 1947 entdeckten junge Beduinen,Schafhirten, in einer Höhle mehrere Tonkrüge. Diese enthielten Schriften, die vom 3. Jahrhundert v. Chr. bis 68 n. Chr. entstanden waren: die berühmten „Schriftrollen des Toten Meers", auch „Qumran-Rollen" genannt. Die Pergamentrollen sind fast 1000 Jahre älter als alle anderen bis dahin erhaltenen hebräischen Schriften.

Gespeist vom Jordan im Norden und den Quellen und Flüssen im Osten und Westen, besitzt das Tote Meer keinen Abfluss, verliert aber einen Großteil seines Wassers durch Verdunstung. Seine Salzkonzentration ist sechs Mal höher als die der Ozeane.

DER TIEFSTE UND ÄLTESTE SÜSSWASSERSEE DER ERDE

Baikalsee
Lage: Südostsibirien, Russland
Größe: 1742 m tief | 31 494 km³ Süßwasser
Koordinaten: 54° 00′ 00″ N | 109° 00′ 00″ O

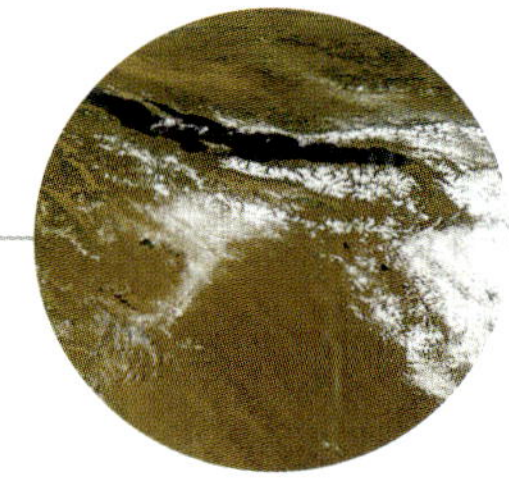

Sogar die Menschen, die wenig von Sibirien kennen, wissen, dass der Baikalsee der tiefste und reinste See der Erde ist. Allein die statistischen Daten sind beeindruckend: Der Baikalsee ist maximal 1742 Meter tief, seine durchschnittliche Tiefe liegt bei 730 Metern. Er enthält 96,4 Milligramm Mineralien pro Liter Wasser. Zum Vergleich: Die meisten Seen enthalten mindestens 400 Milligramm. In vielen Fällen könnte das Wasser des Baikalsees an Stelle von destilliertem Wasser verwendet werden. Die Sichtweite unter Wasser beträgt 40 Meter, was für Süßwasserseen sehr ungewöhnlich ist.

Der Baikalsee enthält 20 Prozent des Süßwassers der Seen der Welt, das entspricht der gesamten Wassermenge der Großen Seen im Norden der USA. Er ist mindestens 20 Millionen, vielleicht sogar 30 Millionen Jahre alt – ein unglaubliches Alter. Normalerweise werden Seen nicht älter als 10 000 bis 15 000 Jahre, dann verlanden sie. Nach und nach werden sie durch eingeschwemmte Erde zugedeckt, dabei können Moore entstehen, die manchmal austrocknen. Was Wissenschaftler seine «einzigartige physikalisch-geographische Charakteristik» nennen, spiegelt sich auch in der vielfältigen endemischen Flora und Fauna des Baikalsees. Er enthält mehr als 2000 Pflanzen- und Tierarten, von denen 15 Prozent der Pflanzen und 60 Prozent der Tiere ausschließlich hier vorkommen.

Durch Kollision des Indischen Subkontinents mit Eurasien reißt unter dem Baikalsee die Erdkruste auseinander und bildet eine Spalte. Diese so genannte Riftzone reicht vom Grund des Sees bis sieben Kilometer tief in die Erdkruste herab. Sie ist mit Sedimenten des Sees gefüllt. Die Spuren dieser geologischen Vorgänge reichen sogar noch tiefer – mehr als 60 Kilometer in den oberen Erdmantel hinein. Der Biologe und Naturschützer Oleg K. Gusev sagt: «Bildlich gesprochen ist der Baikalsee ein Fenster, das uns in die Tiefe der Erde blicken lässt und uns ermöglicht, die inneren Prozesse der Erde zu verstehen.»

Dervla Murphy

Dervla Murphy

BAIKAL

Zeitgenössische Reisende neigen dazu, dem wertvollsten und unersetzlichsten See unserer Erde auf zwei Ebenen zu begegnen. Sie sind von seiner physikalischen Einzigartigkeit fasziniert und zugleich empfänglich für seine spirituelle Bedeutung. In diesem Kontext ist der Begriff „spirituell" ein schwieriges Wort, weil es für manche Menschen Ausdruck einer sentimentalen, verschleierten Sicht der Realität bedeutet. Für viele von uns scheint die pantheistische Verehrung von Seen, Bäumen oder Berggipfeln einfältig. Doch diese Denkweise spiegelt wider, dass wir Menschen von unserer natürlichen Umgebung abhängig sind. Der moderne Mensch ist stolz auf die Beherrschung der Erde – und übersieht dabei, dass unsere Geringschätzung der Natur dem Wohlergehen der Menschheit langfristig erheblich schadet.

Jahrhunderte bevor Wissenschaftler seine physikalische Einzigartigkeit entdeckten, erkannten die wenigen Stämme, die rund um den Baikalsee lebten, seine Magie und verehrten ihn als den „Heiligen See". Heute ist das bergige, von Straßen nicht erschlossene Hinterland des Sees noch immer fast unbewohnt. Die einzigen Gebäude sind ein paar Holzhütten entlang des Ufers, die gelegentlich von Jägern und Fischern genutzt werden.

Nicht viele Touristen kommen hierher. Zusammen mit einer Hand voll anderer Passagiere fuhr ich auf einem Boot über den Baikalsee zum Kap Kotelnikovsky, das hier für seine heißen Quellen bekannt ist. Für August war das Wetter außergewöhnlich: Es war sehr windig, der Himmel bewölkt. Doch den Baikalsee in diesem Zustand zu erleben – die Wellen warfen unser kleines Boot hin und her –, schuf eine gewisse Vertrautheit mit dem Wasser. Nach der Hälfte der dreistündigen Fahrt waren beide Ufer zu sehen, wodurch ich einen weiteren Eindruck von der Größe des Sees bekam. Der Baikalsee ist mehr als 640 Kilometer lang – ein Binnenmeer. Was Geographen das Baikalbecken nennen, unterliegt einem eigenen Wettersystem. Hier ist es viel windiger als in anderen Teilen Sibiriens; die Winter sind etwas weniger kalt, weil der See durch seine Tiefe wie ein Heizung wirkt.

Die heißen Quellen haben das ganze Jahr über eine Temperatur von 86 Grad. Sie brodeln auf einer wunderschönen Lichtung vor sich hin, von turmhohen Zedern umgeben. Ein paar Tagesausflügler waren gerade angekommen. Sie tranken aus einer überdachten Quelle, indem sie Wasser mit einer riesigen Holzkelle schöpften. Andere füllten mit Hingabe Plastikflaschen voll, als wären sie Katholiken auf einer Pilgerreise. Seit Jahrtausenden glauben die indigenen Völker Sibiriens, dass ihre zahlreichen heißen Quellen alle möglichen Krankheiten kurieren können – ein Glaube, den heutzutage Russen in allen Lebenslagen teilen.

Wir fuhren eine Stunde weiter Richtung Süden, entlang der steilen, weglosen Taiga, die sich bis ans dunkle Felsufer erstreckte. Mir fiel auf, wie wenige Vögel es gab. Den ganzen Tag über erschienen nur ein paar kleine Schwärme von Heringsmöwen. Später erfuhr ich, dass die Industrialisierung des Baikalbeckens die Vogelarten am See stark dezimiert hat.

Wir fuhren an bedrohlichen Bergen vorbei, die senkrecht aus dem Wasser aufragten. Hinter den von Flechten bedeckten Klippen von Olkhon, der größten der 27 Inseln des Baikalsees, tauchte ich eine Hand ins kalte Wasser. Mir kamen die Epischura in den Sinn. Diese winzigen Krebse gibt es nur im Baikalsee. In „Teams" von Millionen beseitigen sie fremde organische Substanzen im Wasser, inklusive Knochen und nichtsynthetischer Stoffe. Aus diesem See wurde noch nie ein toter Körper geborgen, weder von einem Menschen noch von einem Tier.

Die Epischura spielen eine äußerst wichtige Rolle. Sie sind das erste Glied der tierischen Nahrungskette. Die gesamte Tierwelt des Sees hängt von ihnen ab, einschließlich der einzigartigen Weißfischarten, des Kabeljaus, der Äsche und der Baikalrobben (russisch *nerpa* genannt). Epischura können nur im Baikalsee selbst überleben; im Labor sterben sie sogar dann ab, wenn sie im Wasser des Sees gehalten werden. Die Krebse sind ein fantastischer biologischer Filter. Zusammen mit Kieselalgen extrahieren sie ungefähr eine viertel Million Tonnen Kalzium, das jedes Jahr aus den Flüssen in den Baikalsee fließt. Deshalb hängt die Sauerstoffsättigung des Sees sogar im Winter völlig von den Epischura ab. Wegen der giftigen Abwässer aus der Papierindustrie, die sich vor 40 Jahren hier angesiedelt hat, sind die Krebse in den letzten Jahrzehnten im Süden des Sees stark zurückgegangen – eine Tragödie für das Ökosystem.

Der Baikalsee hat sich in ungefähr 25 Millionen Jahren nach und nach entwickelt, ungestört, als heilig verehrt. Dann hat ihn die Technik und Habgier des Menschen im 20. Jahrhundert innerhalb weniger Jahrzehnte an den Rand einer Katastrophe gebracht. Boris Komarov erinnert uns daran, dass «das unberührte Sibirien eine Illusion ist; die Industrie zersetzt das „grüne, zerbrechliche Herz" von allen Seiten, wie Schwefelsäure, und hat schon sein strahlendes Auge erreicht – den Baikalsee.»

DER GRÖSSTE SALZWASSERSEE DER ERDE

Kaspisches Meer
Lage: Zentralasien
Größe: 371 000 km²
Koordinaten: 42° 00′ 00″ N | 50° 00′ 00″ O

Die Bezeichnung „Kaspisches Meer" gehört zu den Besonderheiten der geographischen Namensgebung. Obwohl das zentralasiatische Gewässer von Land umschlossen ist – von Aserbaidschan, Russland, Kasachstan, Turkmenistan und dem Iran –, befanden die alten Römer wegen seines salzigen Wassers, dass es ein Meer sei und nannten es *mare caspium*. Der Begriff „Kaspisch" kommt von den Kaspi, die einst in Transkaukasien lebten. Heute gilt das Kaspische Meer als größter Salzwassersee der Erde und als das größte Binnengewässer.

Das Kaspische Meer enthält ungefähr ein Drittel des Oberflächenwassers der Erde auf dem Festland, seine Oberfläche ist größer als die Japans. Es liegt 28 Meter unter dem Meeresspiegel und erreicht eine maximale Tiefe von 975 Metern. Der größte Teil seines Wassers stammt aus der Wolga, doch der See hat keinen größeren Abfluss.

Das Kaspische Meer war nicht immer der größte Salzwassersee der Welt. Vor elf Millionen Jahren war es Teil einer Kette von Gewässern – über das Asowsche Meer, das Schwarze Meer und das Mittelmeer war es mit den Ozeanen der Welt verbunden.

Zu Beginn des 20. Jahrhunderts wurde im Kaspischen Meer die Hälfte des Erdöls der Welt gefördert. Der Zusammenbruch der Sowjetunion ließ die Wirtschaft der Region kollabieren. Heutzutage sorgt die gesteigerte Ölproduktion für neue Hoffnung auf Wohlstand. Nicht so gut geht es dagegen den Stören des Kaspischen Meers, deren Kaviar weltweit als Deelikatess begehrt ist. Sie leiden unter Wilderei und Wasserverschmutzung.

Das Kaspische Meer hat seinen Status als Meer verloren, doch die Anwohner haben sich eine Sehnsucht bewahrt, die nur als ozeanisch beschrieben werden kann. Der aserbaidschanische Historiker A. K. Bakikhanov segelte vor 150 Jahren mit zwei Booten los, um das „kaspische Atlantis" zu finden, mythisch versunkene Städte und Dörfer am Grunde des Sees. Manche Menschen suchen noch heute danach

DER HÖCHST GELEGENE SEE DER ERDE

Licancabur
Lage: Nordchile
Höhe: 5930 m über dem Meeresspiegel
Koordinaten: 23° 39′ 00″ S | 70° 24′ 00″ W

Wissenschaftler sind sich nicht einmal bei der einfachen Definition eines Sees einig und schon gar nicht bei der Bestimmung des höchst gelegenen Sees der Erde. Per Definition ist ein See ein vom Land umschlossener Wasserkörper. Er kann Süß- oder Salzwasser enthalten, flach oder tief sein. Einmal entstanden, können Seen sich dramatisch verändern; aber die Bezeichnung „See" behalten sie, auch wenn sie vollständig austrocknen und ihr Becken sich nur in Regenzeiten mit Wasser füllt.

Der Titicacasee an der Grenze von Peru und Bolivien in Südamerika wird oft als höchst gelegener befahrbarer Süßwassersee bezeichnet. Sowohl Tragflügelboote als auch die kleinen traditionellen Schilfkanus der Indianer können die Oberfläche des 8290 Quadratkilometer großen Sees kreuzen, der beinahe vier Kilometer über dem Meeresspiegel liegt.

Auch andere Wasserkörper beanspruchen den Titel des höchst gelegenen Sees. Nicht wenige Geographen behaupten, es sei der 5415 Meter hohe Panch Pokhari auf dem Mount Everest im Himalaya. Es gibt noch höher gelegene unbenannte Gletscherseen auf dem höchsten Berg der Erde, auf 5886 Meter Höhe. Doch diese Seen sind ziemlich klein – der Panch Pokhari dagegen ist gut zwei Kilometer lang – und die meiste Zeit des Jahres über zugefroren.

Der stärkste Titelanwärter ist der See im Gipfelkrater auf dem 5930 Meter hohen erloschenen Vulkan Licancabur (rechte Seite), in der Nähe der chilenischen Atacamawüste. Bei näherer Untersuchung ist der Licancabur eine kalte Pfütze von nicht einmal vier Meter Tiefe. Der See beherbergt so genannte Extremophile – planktische Organismen, die bei wenig Sauerstoff und hoher UV-Einstrahlung gedeihen.

Auf dem gletscherfreien Gipfel des Licancabur stehen die Überreste eines Altars und mehrerer Hütten der Inka – ein Zeichen seiner Anziehungskraft schon vor Jahrhunderten.

DER GRÖSSTE SÜSSWASSERSEE DER ERDE

Oberer See (Lake Superior)
Lage: Nordamerika
Größe: 82 414 km^2
Koordinaten: 47° 29′ 58″ N | 88° 00′ 02″ W

Die fünf Großen Seen Nordamerikas bilden zusammen den größten Süßwasserkörper der Welt. Sie bedecken 247 000 Quadratkilometer, eine Fläche, die größer ist als Großbritannien. Der Obere See ist der größte der Großen Seen und gleichzeitig der größte Süßwassersee der Erde. Sein amerikanischer Name „Lake Superior" ist doppeldeutig. Er weist auf seine geographische Lage, offenbart aber zugleich seine Bedeutung („superior" bedeutet auch „überlegen" oder „hoch gestellt").

Die ersten französischen Entdecker erreichten den großen Binnensee auf dem Ottawa River und über den Huronsee. In ihren Berichten nannten sie ihn *le lac supérieur*, also Oberer See beziehungsweise der See über dem Huronsee. Die Entdecker hatten keine Vorstellung davon, wie groß der See war, aber die Chippewa-Indianer verwendeten einen etwas genaueren Namen für das Gewässer: *kitchi-gummi,* „großes Wasser".

Das Ufer des Oberen Sees hat hohe, felsige Klippen, Dutzende großer und kleiner Buchten sowie Halbinseln und Strände mit schwarzem Sand. Mit bis zu 397 Meter Tiefe ist er auch der tiefste der Großen Seen. Etwa 200 Flüsse speisen den See, der ungefähr elf Billiarden Liter Wasser enthält, genug, um ganz Kanada, die USA, Mexiko und Südamerika 30 Zentimeter tief unter Wasser zu setzen.

Nach abnehmender Größe geordnet, besteht die Kette der Großen Seen aus dem Oberen See, dem Huronsee, dem Michigansee, dem Ontariosee und dem Eriesee. Abgesehen vom Michigansee bilden sie die natürliche Grenze zwischen Kanada und den USA.

«Ein See ist der schönste, ausdrucksvollste Teil einer Landschaft. Er ist das Auge der Erde; beim Hineinsehen kann der Betrachter die Tiefe seiner eigenen Natur ermessen ...»

Henry David Thoreau

1
2

DIE GRÖSSTEN SEEN DER ERDE

1 KASPISCHES MEER, NORDWESTLICHES ASIEN | GRÖSSE: 373 000 km^2 | TIEFSTE STELLE: 1025 m
2 OBERER SEE, NORDAMERIKA | GRÖSSE: 82 414 km^2 | TIEFSTE STELLE: 432 m
3 VIKTORIASEE, AFRIKA | GRÖSSE: 69 480 km^2 | TIEFSTE STELLE: 89 m
4 HURONSEE, NORDAMERIKA | GRÖSSE: 59 596 km^2 | TIEFSTE STELLE: 250 m
5 MICHIGANSEE, NORDAMERIKA | GRÖSSE: 58 016 km^2 | TIEFSTE STELLE: 309 m

DER HEISSESTE PLATZ DER ERDE UNTER DEM OZEAN

Hydrothermale Schlote
Lage: Mittelatlantischer Rücken
Keine bestimmten geographischen Koordinaten

Tief unter dem Atlantischen Ozean, entlang des Mittelatlantischen Rückens, der sich von Island bis zur Antarktis erstreckt, steigt ständig Magma aus dem Meeresboden auf und bildet neue Erdkruste. Die riesige zerklüftete Unterwasser-Bergkette dehnt sich ständig aus. Sie bricht auseinander und lässt hohe Kamine entstehen, die so genannten Schwarzen Raucher, die kleine Körner aus metallischen Sulfiden ausspeien. Sie werden auch hydrothermale Schlote genannt. Die Geysire am Meeresboden wurden erstmals 1977 entdeckt. Man findet sie auf einer durchschnittlichen Tiefe von 2100 Metern. Sie entstehen, wenn das Ozeanwasser in die Spalten der abkühlenden Gesteine auf dem Meeresboden sickert. Magma erhitzt dieses Wasser sehr stark, dass gurgelnd aufsteigt und hohe Mineralschlote entstehen lässt. Wasser, dass aus den Schwarzen Rauchern stammt, kann Temperaturen von 400 Grad erreichen; aber wegen des enormen hydrostatischen Drucks des Ozeans kocht es nicht. Stattdessen steigt es auf, kühlt ab und setzt Mineralien und chemische Stoffe frei. Diese unterhalten ein nährstoffreiches Ökosystem, in dem Muscheln, blinde Shrimps, Fische, Röhrenwürmer und Mikroorganismen gedeihen.

Der höchste Unterwasserschlot, „Godzilla" genannt, wurde im Pazifik vor der Küste des US-Bundesstaates Oregon gefunden. Bevor er einstürzte, war er so hoch wie ein 15-stöckiges Gebäude.

Die Schwarzen Raucher sind die heißesten unter den hydrothermalen Schloten. Ihre kühleren Verwandten werden Weiße Raucher genannt. Diese Wunder der Geologie (oben) speien hellfarbenes Barium, Kalzium und Silikat aus. Sie sind von einzigartig angepassten Tiefseelebewesen besiedelt, wie blinden Shrimps und riesigen Röhrenwürmern.

DAS ROSAFARBENSTE GEWÄSSER DER ERDE

Lake Natron
Lage: Grenze zwischen Kenia und Tansania
Größe: 56 km lang | 24 km breit
Koordinaten: 02° 30′ 00″ S | 36° 10′ 00″ O

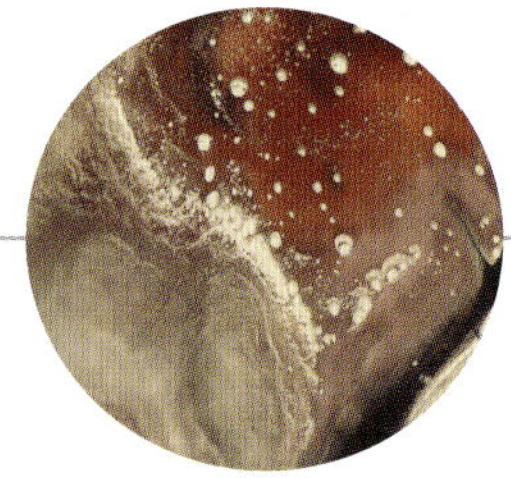

Der Lake Natron im ostafrikanischen Graben ist ein rosafarbener Sodasee. Heiße Quellen auf seinem Grund bringen Soda in das Becken ein, und Bäche von einem steilen Abhang rund um den See transportieren weiteres Soda ins Wasser. Weil der Lake Natron keinen Abfluss hat, sammeln sich die Mineralien in ihm an. Wenn die alkalische Salzschicht auf der Oberfläche des Sees mit der Zeit immer konzentrierter wird, zieht sie Milliarden von Bakterien an. Diese ernähren sich von den Mineralien und geben dem See seine typische Farbe. Zu der hellroten Erscheinung tragen auch die 2,5 Millionen Zwergflamingos bei, die im umliegenden Tal leben. Der Lake Natron ist das einzige Brutgebiet dieser Vögel, die sich von Spirulina-Algen (einer Blaualge mit roten Pigmenten) ernähren. Die stark alkalische Umgebung ist eine natürliche Barriere gegen Raubtiere, die versuchen, an die Nester der Vögel heranzukommen. Ein weiteres Hindernis ist die hohe Temperatur des Schlamms, die unter dem neonfarbenen Wasser des Lake Natron 50 Grad erreichen kann. Erstaunlicherweise gibt es in dem See auch Fische: die zu den Buntbarschen gehörenden Soda-Tilapien, die nur hier vorkommen.

Das Gebiet rund um den See ist heiß und trocken, die vulkanische Landschaft ist spektakulär. Es liegt zum Teil an der Größe des Sees, dass sich sein Erscheinungsbild häufig wandelt. Das Muster seiner Salzkruste und die roten Pigmente der Algen und Bakterien auf seiner Oberfläche verändern sich ständig. An manchen Tagen sieht der Lake Natron wie eine braune Suppe aus. Aber wer bei richtigem Licht in einem kleinen Flugzeug über ihn hinwegfliegt, sieht den See in leuchtendem Rosa.

Natron oder Natriumbikarbonat verwendeten die alten Ägypter als Trocknungsmittel, um ihre Toten für die Mumifizierung vorzubereiten. Für die rosa Flamingos hat das Salz des Lake Natron – ihres einzigen Brutgebiets – eine Schutzfunktion: Es ist so ätzend, dass es potenzielle Räuber von ihren Nestern fern hält.

DIE WEISSE LINIE IM PAZIFIK

Es heißt, das Einzige auf der Erde, was man vom Weltraum aus sehen kann, sei die Chinesische Mauer. Das ist falsch, denn es gibt ein Phänomen, das Astronauten sogar besser sehen können: eine weiße Linie, die plötzlich im Pazifik aufleuchtet. Hier und dort, in verschiedenen Teilen des Ozeans, steigen Strömungen vom Ozeanboden auf und transportieren Nährstoffe an die Oberfläche. Diese aufsteigenden Strömungen betreffen weniger als 0,1 Prozent der Oberfläche des Ozeans. Sie bilden eine seltsame, zwei Kilometer breite weiße Linie im Pazifik.

Die weiße Linie wurde während eines zehnjährigen internationalen Programms fotografiert, das Joint Global Ocean Flux Study genannt wird. Wissenschaftler wollten sehen, wie verschiedene Strömungen und Chemikalien im Ozean sich rund um die Erde bewegen. Deshalb maßen sie die Farbe des Ozeans, die Bewegungen von warmen und kalten Strömungen und die Oberflächentemperatur. Mit einem Orion-P-3-Flugzeug flogen sie in einer Höhe von 150 Metern über das Meer und schickten einen schwachen, blaugrünen Laserstrahl auf die Oberfläche, der das Chlorophyll im Wasser zum Leuchten brachte.

Eine der vom Space Shuttle aus aufgenommenen Fotografien zeigt eine fast gerade Linie im Pazifik, die Hunderte von Kilometern lang ist. Anhand von Schiffsaufzeichnungen der letzten 100 Jahre fanden die Forscher heraus, dass diese Linie normalerweise zwischen August und Januar zu sehen ist, wenn kaltes, mineralien- und nährstoffhaltiges Wasser vom Ozeanboden bis zur Oberfläche aufsteigt und dann nach Westen strömt. Auf der Oberfläche gibt es eine Zone, in der eine etwa 70 Meter dicke Kaltwasserschicht unter eine 40 Meter dicke Warmwasserschicht abtaucht.

Das Wasser kann dort ziemlich aufgewühlt sein – und von weißen Schaumkronen bedeckt. Es gibt auch Flecken mit hellgrünem Wasser, das winzige Algen enthält: Kieselalgen mit dem Namen *Rhizosolenia*, die ungefähr zwei bis drei Mal so dick sind wie ein menschliches Haar. Ein Ozeanforscher beschrieb sie im Jahr 1926 als «so zahlreich, dass die Orte, an denen sie auftraten, die Konsistenz einer Suppe hatten». Die Farbe der Linie stammt von der Kombination aus weißen Schaumkronen, dem kälteren Wasser und den Milliarden von Kieselalgen.

Wenn kaltes Wasser vom Ozeanboden aufsteigt und sich nach Westen bewegt, sammeln sich die Kieselalgen direkt davor an und ernähren sich von den Nährstoffen im Wasser. Übereinstimmend mit den Messungen, die mit dem Laserstrahl vom Flugzeug aus gemacht wurden, traten diese Kieselalgen in Zonen zwischen kaltem und heißem Wasser 100 Mal häufiger auf als an anderen Stellen. Aber sie fanden nicht nur eine gute Nahrungsgrundlage, sondern vermehrten sich auch. Wenn kaltes Wasser vom Ozeanboden aufsteigt, schafft es eine klar umgrenzte, sehr produktive Nahrungskette, die aber nur für eine kurze Zeit existiert.

Dr. Karl S. Kruszelnicki

Die weiße Linie im Pazifik wird durch das Zusammentreffen von Fischen, Schaum und winzigen Diatomeen (Kieselalgen) verursacht.

INDEX

I

J

K

L

M

INDEX

BILDNACHWEISE/DANKSAGUNG

Der Verlag dankt den folgenden Quellen und Fotografen für die Erlaubnis, ihre Fotografien auf den folgenden Seiten zu reproduzieren:

Anne Alders: 174-175

Bryan und Cherry Alexander: 157; 165; 276-277

Art Directors and Trip: 11 (D. Clegg); 86-87 (C. C); 117 (B. Masters); 129 (J. Arnold); 135 (Eric Smith); 136-137(P. Terry); 139 (Eric Smith); 140-141 (Viesti Collection); 145 (B. Gadsby); 180-181 (Archive Photos); 227 (Ask Images); 253 (M. Jelliffe); 301 (I. Burgandinov)

Auscape: 57 (Jean-Paul Ferrero); 58-59 (Jean-Paul Ferrero); 65 (Jean-Paul Ferrero); 245 (D. Parer und E. Parer-Cook); 246-247 (D. Parer und E. Parer-Cook)

Bruce Coleman: 98-99 (Luiz Claudio Marigo); 216-217 (Pacific Stock); 251 (Atlantic SNC)

Corbis: 31 (Galen Rowell); 67 (Douglas Peebles); 68 (Douglas Peebles); 69 (Bob Krist); 104-105 (Lloyd Cluff); 107 (The Purcell Team); 121 (Jim Sugar); 123 (Galen Rowell); 179 (A.&J.Verkaik); 185 (Listin Diaro); 187 (Sygma); 189 (Rob Matheson); 210 links; 210 rechts; 211; 236-237 (Roger Ressmeyer); 257 (Steve Raymer); 261 (K. M.Westermann); 263 (Liang Zhuoming); 309 (Ralph White)

Kevin Downey: 77 (Urs Widmer)

Evergreen Photo Alliance: 113 (Boyd Norton)

FLPA: 22-23 (Minden Pictures); 29 (Keith Rushforth); 44-45 (David Hosking); 94-95 (Winfried Wisniewski); 213 (G. P. Eaton); 215 (Panda Photo); 230 (USDA); 231 (USDA); 281 (Steve McCutcheon); 305 (Larry West)

Getty: 291 (Art Wolfe)

Images of Africa Photobank: 311 (David Keith Jones)

Doranne Jacobson: 163

Lonely Planet Images: 47 (Diana Mayfield); 83 (Richard Cummins); 103 (Matt Fletcher); 125 (Michael Aw); 166-167 (David Tipling); 243 (Greg Johnston); 275 (Ralph Lee Hopkins)

Mountain Camera: 15 (Colin Monteath); 21 (John English); 27 (John Cleare); 75 (John Cleare)

Nasa: 149; 313

Naturepl.com: 35 (Giles Bracher); 37 (David Welling); 39 (David Welling); 49 (Hugh Maynard); 71 (Jeff Foott); 97 (Staffan Widstrand); 101 (Rhonda Klevansky); 111 (Anup Shah); 119 (Martha Holmes); 127 (Jeff Foott); 130-131 (Neil Lucas); 133 (Dave Watts); 151 (Jorma Luhta); 229 (Jürgen Freund); 232-233 (Michael Pitts); 239 (AFLO); 255 (Hanne & Jens Ericksen); 287 (David Welling); 293 (Nigel Bean); 303 (Doug Allan)

NHPA: 63 (Daniel Heuclin); 197 (K. Ghani); 285 (Alberto Nardi)

Oxford Scientific Films: 81 (Adam Jones); 91 (Tony Martin); 108-109 (Owen Newman); 152-153 (Olivier Grunewald); 155 (Warren Faidley); 169 (Tui de Roy); 171 (Mary Plage); 207 (Ronald Toms); 219 (Mary Plage); 225 (Richard Packwood); 267 (Konrad Wothe); 268-269 (Alastair MacEwan); 273 (Norbert Rosing); 295 (Doug Allan); 298-999 (Martyn Colbeck)

Tom Pfeiffer: 201; 202; 203; 205; 208-209

Janusz Rosiek: 33

Science Photo Library: 72-73 (Adam Jones)

Still Pictures: 19 (Galen Rowell); 43 (Klein/Hubert); 50-51 (Dick Ross); 55 (Klein/Hubert); 115 (Lineair); 161 (Philippe Henry); 183 (Nigel Dickinson); 195 (Michael Gunther); 198-199 (Robert Mackinlay); 221 (D. Decobecq); 249 (Andy Camp); 265 (Andre Bartschi); 288-289 (Alan Watson)

Woodfall Wild Images: 53 (Martin Zwick); 79 (Nigel Hicks); 93 (Andreas Leeman); 271 (David Woodfall); 279 (Steve Austin); 283 (Steve Austin)

AUTOREN

EORGE C. BAND war im Alter von 23 Jahren das ngste Mitglied der berühmten Expedition von Sir dmund Hillary zum Gipfel des Mount Everest im Jahr 953. Zwei Jahre später bestieg er als Erster den angchendzönga, den dritthöchsten Gipfel der Welt. Sein eues Buch „Everest: 50 Years at the Top of the Vorld" ist dem Gedenken an den 50. Jahrestag der Erst-esteigung des höchsten Gipfels der Welt gewidmet.

IR RANULPH FIENNES, im Guinnes Buch der Rekorde er «größte lebende Entdecker der Welt» genannt, um-undete auf einer seiner Expeditionen als Erster die Erde on Pol zu Pol; er war Teilnehmer der englisch-russischen ordpol-Expedition und unternahm die längste Reise ber den Südpol ohne Hilfsmittel. Er lebt in England.

EBASTIAN JUNGER, preisgekrönter Journalist und utor der Bestseller „Der Sturm" und „Feuer", fühlt ich seit seiner Kindheit von «extremen Situationen nd Menschen in Grenzsituationen» angezogen. Zur Zeit erichtet er über Kriege, Terrorismus und Menschen-echte aus den Krisenregionen der Welt. Er lebt in New 'ork und Cape Cod, Massachusetts.

)R. KARL KRUSZELNICKI ist einer der bekanntesten opulärwissenschaftlichen Journalisten Australiens. Er hat 20 Bücher veröffentlicht. Sein neuestes heißt Why It Is So: Headless Chickens, Bathroom Queues nd Belly Button Blues". Er ist Julius Sumner Miller ellow der Universität von Sydney.

ELLEN MACARTHUR kam zu internationalem Ruhm, ls sie Zweite in der Einhand und Nonstop-um-die Welt-Regatta „Vendée Globe 2000/2001" wurde. Ihr neuestes Buch, „Taking on the World", beschreibt ihre dramati-schen Erlebnisse auf See und ihre Lebensgeschichte.

PATRICIA MOEHLMAN ist Verhaltensökologin. Sie hat die meiste Zeit in Afrika gearbeitet und dort die Tiere der Serengeti-Ebene erforscht. Zu Beginn ihrer Karriere bekam sie den Spitznamen „Jackal Woman", weil sie in den späten sechziger und siebziger Jahren des vorigen Jahrhunderts die Wildhunde Tansanias erforschte. Die Wissenschaftlerin ist immer noch in Ostafrika und engagiert sich dort sehr für den Schutz der bedrohten Wildtiere. Dabei arbeitet sie eng mit den Einheimischen zusammen.

DERVLA MURPHY begann 1964, Bücher über ihre außergewöhnlichen Reisen zu schreiben; mittlerweile hat sie 20 veröffentlicht. Sie fuhr mit dem Fahrrad von Dunkirk nach Neu-Delhi, reiste auf einem Maultier durch die Simien-Berge in Äthiopien und wanderte von Kaja-marca nach Cuzco in Peru. Thema ihres nächsten Buchs ist das östliche Sibirien. Die Abenteurerin und Schrift-stellerin lebt in Irland.

DR. HARALDUR SIGURDSSON ist seit 1974 Professor an der Graduate School of Oceanography der Universität von Rhode Island. Er ist einer der führenden Vulkanolo-gen der Welt und Autor des Buchs „Melting the Earth: The Evolution of Ideas about Volcanic Eruptions".

GEORGE W. STONE ist Redakteur der Zeitschrift *National Geographic Traveler*, für die er über eine breite Palette von Themen berichtet. Er widmet sich außerdem intensiv der Bekämpfung der Ausbeutung von Kindern auf der ganzen Welt.

SARA WHEELER ist eine der bekanntesten Reisejour-nalistinnen der Welt. Ihr Buch „Terra Incognita", das die Geschichte ihres siebenmonatigen Aufenthalts in der Antarktis beschreibt, wurde ein internationaler Bestsel-ler. Andere Bücher sind „Unterwegs in einem schmalen Land", die Geschichte einer Reise durch Chile, sowie „Cherry: A Life of Apsley Cherry-Garrard", eine Biogra-fie über den jungen Schlittenfahrer aus Kapitän Scotts Team. Zur Zeit schreibt sie über Britisch Ostafrika und Denys Finch Hatton, den englischen Aristokraten, der von Robert Redford in dem Hollywood-Film „Jenseits von Afrika" gespielt wurde.

SIMON WINCHESTER ist Geologe, Weltreisender und Autor von 20 Büchern, unter anderem den internatio-nalen Bestsellern „Eine Karte verändert die Welt" und „Der Mann, der die Wörter liebte". Sein neuestes Werk ist „Krakatau: Der Tag, an dem die Welt zerbrach". Er lebt in New York.

«Sorge zu tragen für das, was von der Erde übrig bleibt, und ihre Erneuerung zu fördern, ist unsere einzige legitime Hoffnung auf das Überleben.»

Wendell Berry